AF346575

TAILLE RAISONNÉE

DES

ARBRES FRUITIERS.

TAILLE RAISONNÉE

DES

ARBRES FRUITIERS,

ET AUTRES OPÉRATIONS RELATIVES A LEUR CULTURE,

DÉMONTRÉES CLAIREMENT PAR DES RAISONS PHYSIQUES
TIRÉES DE LEUR DIFFÉRENTE NATURE ET DE LEUR MANIÈRE DE VÉGÉTER
ET DE FRUCTIFIER,

Par le baron DE BUTRET,

jardinier-propriétaire.

VINGTIÈME ÉDITION,

AUGMENTÉE

du pincement, de la taille en vert, de la taille du pommier et du poirier en fuseau,
de la culture de la vigne à la Thomery, des différentes espèces de greffes
et de la conservation des fruits,

PAR UN MEMBRE DE LA SOCIÉTÉ CENTRALE D'HORTICULTURE.

Avec quatre planches gravées

REPRÉSENTANT UN GRAND NOMBRE D'EXEMPLES.

PARIS,

Imprimerie et Librairie d'agriculture et d'horticulture

DE Mme Ve BOUCHARD-HUZARD,

RUE DE L'ÉPERON, 5.

1855.

AVIS DE L'ÉDITEUR.

Entraîné par un goût dominant pour les belles productions de la nature, Butret, gentilhomme alsacien, après avoir reçu une éducation soignée et fait de solides études, se sentit une vocation telle pour la culture des arbres fruitiers, qu'on peut dire qu'il devint le Pierre le Grand du jardinage. Dépouillant ses préjugés aristocratiques, le baron de Butret se fit jardinier ; il alla à Montreuil, unique centre alors de la science arboricole, travailler de ses mains sous le fameux Pépin, pour apprendre la conduite et la taille des arbres fruitiers. Non content de se rendre habile dans la pratique des Montreuillois, il fit à leurs opérations les applications des connaissances de physiologie végétale qu'il avait acquises par ses observations personnelles et la lecture des meilleurs ouvrages du temps.

Revenu dans ses foyers, aux environs de Strasbourg, il se livra avec passion à son goût pour l'arboriculture, et entreprit de cultiver un jardin de 9 à 10 hectares, dont 4 en vergers. Il avait d'immenses espaliers, et déjà plus de 2,500 arbres étaient plantés, lorsque la guerre le força à quitter ses cultures et ses travaux.

C'est en ces termes simples et dépouillés d'une amertume que de justes regrets pouvaient exciter, que Butret raconte lui-même (page 97) la catastrophe qui, en 1793, l'ar-

racha à ses paisibles occupations. Obligé d'é-
migrer, il se rendit en Allemagne, où il
trouva un asile qu'il sut mettre à profit;
chargé de la direction des jardins de l'élec-
teur à Schwetzingen, ces jardins devinrent
bientôt, par ses soins, les plus beaux de
l'Allemagne. Rentré plus tard dans sa patrie,
Butret fut secrétaire de la Société d'agriculture de Strasbourg, où il mourut vers l'année 1805. Dans le but d'être utile à ceux qui,
comme lui, voudraient élever des arbres
fruitiers dignes de ce nom, il avait publié à
Paris, en 1793, la première édition de l'ouvrage que nous réimprimons aujourd'hui, et
qui, douze ans plus tard, était à sa dixième
édition.

Le célèbre André Thoüin et son frère Gabriel, de vénérable mémoire, dont les ou-

vrages attestent la compétence de Poiteau
en pareille matière (1), étaient d'avis que cet
opuscule devrait être dans les mains de tous
les jardiniers. André répondit à quelqu'un
qui le consultait : « C'est un petit livre par-
« fait, tel qu'il est : les personnes qui s'oc-
« cupent de la taille ne sauraient trop le
« consulter ; il devrait être le *vade-mecum*

---

(1) ***Cours de culture***, par A. Thoüin, membre de
l'Institut, professeur de culture au muséum d'his-
toire naturelle; 3 vol. in-8° de 500 pages chacun,
avec un atlas in-4° de 65 planches gravées représentant tous les outils, instruments, ustensiles,
machines et fabriques diverses d'agriculture et de
jardinage, etc. ; publié par Oscar Leclerc-Thoüin,
son neveu, professeur d'agriculture au Conserva-
toire des arts et métiers. 18 fr.

Plans raisonnés de toutes les espèces de jardins,
par Gabriel Thoüin, cultivateur et architecte de
jardins; 3ᵉ édition ornée de 58 planches, in-folio
cart., fig., sables et eaux coloriés, 40 fr.—*Le même*,
figures entièrement coloriées, 80 fr.

« de tous les cultivateurs d'arbres frui-
« tiers. »

L'auteur de la *Pomologie physiologique* (1),
dont l'étude des meilleurs moyens d'affrui-
ter les arbres embrasse également toute la
longue et honorable carrière, nous a , en
même occasion , émis une opinion toute
semblable.

Le témoignage de si respectables autorités

---

(1) *Pomologie physiologique*, ou Traité du per-
fectionnement de la fructification, des moyens d'a-
méliorer les fruits domestiques et sauvages , de
faire naître des espèces et variétés nouvelles et d'en
diriger la création, etc., par M. Sageret. 1 volume
in-8°, avec la notice suivante , 7 fr.

Notice pomologique ; observations sur l'améliora-
tion des fruits en général; par le même. In-8°, 1 fr.

Cet ouvrage et les précédents se trouvent à la librairie Bouchard-Huzard, rue de l'Éperon, 5.

horticoles nous faisait une loi de ne pas laisser manquer, dans le commerce, le premier travail régulier qui ait eu pour objet la taille des arbres fruitiers, et dans lequel, sans beaucoup d'efforts, on peut trouver l'origine du pêcher carré. Mais nous avons cru aussi qu'il était de notre devoir d'y faire faire quelques additions nécessitées par les progrès de l'horticulture. Ces additions, travail d'un membre de la Société d'horticulture, sont distinguées, dans le volume, par un *, par respect pour l'œuvre de Butret. Indépendamment de quelques notes en regard du texte, elles ont pour objets principaux le pincement inconnu à Butret, la taille en vert, la taille du poirier en fuseau, la culture et la taille de la vigne, les greffes les plus usitées, la conservation des fruits. Il en est résulté la nécessité de trois nouvelles planches qui complètent les connaissances nécessaires en arboriculture.

Tel qu'il est, l'ouvrage que nous publions n'a rien perdu de son utilité pratique, qui, au contraire, se trouve augmentée par les articles que nous y avons ajoutés, et nous espérons que l'on nous saura gré d'avoir réimprimé un livre parfaitement suffisant au plus grand nombre d'arboriculteurs, et dont la simplicité le rend intelligible à tous.

B. H.

INTRODUCTION.

Ce traité, le plus instructif de tous ceux qui ont été écrits jusqu'à présent, sera très-court, parce qu'il ne contiendra que des détails essentiels, fondés sur les vrais principes de la végétation et de la fructification, et manifestes à tous ceux qui auront des yeux pour examiner des arbres fruitiers, et voir la manière dont ils poussent et donnent des fruits.

Depuis plus de cinquante ans, je plante et je cultive des arbres fruitiers ; j'en étudie, avec une attention continuelle, la nature et les propriétés productives et fécondantes. Ainsi ce seront mes travaux, mes observations et mes expériences qui formeront ce petit ouvrage ; j'y traite particulièrement du pêcher, comme étant le chef-d'œuvre de nos jardins, et je parlerai sommairement des autres arbres fruitiers ; mais auparavant il faut dire un mot de Montreuil.

Montreuil, village près Paris, est le seul endroit où l'on connaisse la nature du pêcher et, par conséquent, la manière de le gouverner. On ne peut cependant pas dire que tous les laborieux habitants

de ce village intéressant dirigent cet arbre avec
la même intelligence et la même perfection ; mais
on peut assurer qu'il n'y a aucun jardin de Montreuil où cet arbre soit aussi horriblement malt[...]
que dans les premiers jardins d'Europe que [...]
parcourus, où j'ai vu un si bel arbre indig[...]
ment massacré.

Parmi le grand nombre d'habiles cultivateurs de
Montreuil, j'en citerai un avec qui j'ai été lié pe[...]
dant quarante ans ; c'est Pépin (1), dont la famille
y cultive des jardins depuis deux cents ans. On
voit chez lui que des pêchers prodigieux, formés
avec une étonnante régularité de chaque côté, et
tous les bois garnis de branches à fruit du bas en
haut sans aucun vide.

Les autres arbres fruitiers sont traités avec la
même intelligence dans ce village, où l'on cultive
aussi de beaux et d'excellents chasselas en très
grande abondance.

On parle toujours de la méthode de Montre[...]

---

(1) Depuis que ceci a été publié pour la première fois, Pépin
est mort, et ses jardins sont passés entre les mains de son gen-
dre, l'un de ses élèves, en qui on a honoré la mémoire du dé-
funt en le plaçant à la Société d'agriculture.

je dirai qu'il n'y en a point : les ingénieux cultivateurs de Montreuil, instruits, dès l'enfance, par
leurs pères, d'une pratique raisonnée et fondée sur
la nature physique de la végétation et de la fructification, absolument différente dans les deux classes
d'arbres fruitiers que je détaillerai dans cet ouvrage, taillent et gouvernent ces différents genres
d'arbres suivant la nature particulière de former
leurs branches à bois et à fruit, qui détermine leurs
opérations intelligentes et raisonnées, et ce ne
sont pas des pratiques grossières et totalement
ignorantes.

Allez, jardiniers routiniers et maîtres aveugles de
tous les jardins, étudier avec soin et une attention
suivie la physique des arbres fruitiers dans le seul
endroit où elle soit connue, si vous voulez prendre
quelque connaissance dans le grand art de la direction de ces arbres, dont vous n'avez pas les premiers
éléments, quoique je doute fort que les autres jardiniers y apprennent jamais rien, tant la routine
y est enfoncée dans leur tête et la rend impéné-
trable à toute instruction ! Il faut cependant leur
rendre la justice de dire que, toute l'année, sur-
chargés de travail pour la culture des légumes

dans les jardins particuliers, il est impossible qu'ils suivent la culture des arbres, qui demanderait toute leur attention et une étude toute particulière dont l'intelligence est très-difficile à acquérir.

ADDITION NOUVELLE.

Plusieurs personnes, d'après ce qui est dit de la réussite des arbres de Montreuil, ont écrit pour avoir des élèves des pépinières de Montreuil. Il est nécessaire de leur apprendre que ce village tire lui-même ses élèves de Vitry près Paris ; que rarement aussi les jardiniers de Montreuil vendent des arbres formés, excepté quelques pêchers et poiriers de trois, quatre et cinq ans, et seulement lorsqu'on les juge trop près les uns des autres. Le pied d'arbre vaut alors 6, 8, 10 et 12 francs.

TAILLE RAISONNÉE

DES

ARBRES FRUITIERS.

La culture des arbres fruitiers en espalier consiste dans trois opérations importantes, la *taille*, l'*ébourgeonnement*, le *palissage*, et, pour le pêcher, une quatrième, qui est le *remplacement des branches à fruit* (1).

La taille se fait au printemps, en février, mars et avril ;

L'ébourgeonnement, en mai ; le palissage, depuis la fin de juin, pendant tout l'été.

Avant d'entrer dans le détail de ces différentes opérations, il est très-essentiel de faire connaître la nature des arbres sur lesquels il

---

(1) Il convient d'ajouter, le *pincement*, opération fort utile lorsqu'elle est bien faite, et qu'on ne pratiquait pas du temps de Butret. (Voyez page 50.)

faut opérer. On les distinguera en deux classes très-différentes par leur manière de végéter, et de fructifier, savoir *les arbres à pepins et ceux à noyau.*

Des arbres à pepins.

Les arbres à pepins, comme les poiriers et les pommiers, rapportent leurs fruits sur de petites pousses appelées *lambourdes,* longues de 3 à 6 centimètres, qui sont ordinairement trois ans à se former, et souvent plus : elles viennent principalement sur de petites branches longues de 14 à 16 centimètres, nommées *brindilles ;* c'est pourquoi les *brindilles et les lambourdes* sont les vraies branches à fruit dans ces sortes d'arbres ; les autres sont branches à bois, et fournissent les brindilles et les lambourdes.

Il y a une exception à faire à la règle générale pour les pommiers, surtout à ceux greffés sur paradis, qui rapportent souvent des fruits sur les branches d'un an. Ces bois développent, au mois d'avril, des lambourdes qui fleurissent tout de suite et donnent des fruits dans leur saison. Cette fructification précoce a lieu plus particulièrement sur les pommiers d'api, j'en ai aussi vu sur les autres espèces ; mais, pour jouir de cet avantage, il ne faut pas tailler et mutiler ces arbres dès l'hiver, comme tous les jardiniers routiniers, il faut attendre la végétation de cet arbre, qui ne se fait qu'en avril, en laisser les boutons à fruit, et ne tailler que lorsqu'on voit les boutons à fleur commencer à se manifester sur les nouvelles branches de l'année précédente.

Des arbres à noyau.

Les arbres à noyau, bien différents de ceux à pepins, rapportent leurs fruits sur les nouvelles branches. C'est surtout sur le pêcher que se manifeste, sans exception, cette loi particulière qui en caractérise si bien la nature.

Après avoir exposé cette distinction fondamentale des arbres qui forment nos espaliers, je vais entrer dans les détails qui concernent les quatre opérations nécessaires à leur entretien. Je m'étendrai beaucoup sur le pêcher comme le plus difficile à gouverner, et celui qui demande un soin et des attentions continuels, si l'on veut veiller à sa conservation et à sa prospérité ; je parlerai succinctement des autres arbres : la connaissance du gouvernement du pêcher rendra très-faciles les opérations qui leur sont nécessaires, suivant la nature de leur différente fructification.

Temps de la taille.

Il faut d'abord parler du temps de la faire ; il paraît naturel de suivre, dans cette pratique, le temps de la végétation ; ainsi, de tailler en premier les arbres qui poussent les premiers, et de suivre la différente apparition de la sève à mesure qu'elle se développe, et finir par ceux qui poussent les derniers : c'est le plus sûr moyen d'avoir des fruits et de ne point voir des arbres poussant toujours de beau bois sans fruit.

En suivant cet ordre, qui est celui de la nature, et non de la routine aveugle et ignorante, on commencera par l'abricotier, ensuite le pêcher, après quoi viendront les poiriers et les pruniers ; suivent les cerisiers ; et les pommiers sont les derniers, ne fleurissant qu'en avril.

ARBRES A NOYAU.

TAILLE DU PÊCHER.

Le pêcher a ses branches à bois et celles à fruit très-caractérisées et très-distinctes.

Les branches à bois sont des bourgeons forts et vigoureux, de la grosseur du doigt et plus, poussant de 1 à 2 mètres de longueur dans les jeunes arbres ; elles sont aoûtées dès la première année, c'est-à-dire qu'elles ont l'écorce grise comme les vieux bois.

Les branches à fruit sont tous les autres bourgeons de différentes longueurs, dont les plus forts sont de la grosseur d'un bon tuyau de plume ; elles ont depuis 16 centimètres jusqu'à 65 de long; et leur couleur, fort différente de celles à bois, est rouge du côté du soleil et verte du côté du mur.

Les branches à fruit, comme on le voit, très-différentes de celles à bois, doivent être divisées en quatre espèces : la première, fig. 3, pl. III, a les yeux ou boutons triples, savoir un œil à bois entre deux à fruit; la deuxième, fig. 2, pl. III, a les yeux doubles, un à bois et un à fruit; la troisième, fig. 4, pl. III, a les yeux simples, qui ne sont ordinairement que des fleurs; la quatrième, fig. 5, forme de petits bouquets de 3 à 6 et jusqu'à 8 centimètres de longueur, garnis tout autour de boutons à fleur, et n'ayant qu'un œil à bois au milieu.

On distingue fort aisément ces différents yeux dès la fin d'août : ceux à bois, *a* fig. 1re, sont pointus; ceux à fruit, *b* même fig., sont plus gros et arrondis; et chaque bouton est accompagné d'une feuille, qui est sa mère nourrice, et qui tombe lorsqu'il est formé.

Premier principe essentiel.

Le beau fruit du pêcher ne vient ordinairement que lorsqu'il est accompagné d'un bourgeon à bois, qui sert à lui porter les sucs abondants dont il a besoin pour acquérir cette chair fondante et succulente qui le rend si délicieux. Ce principe très-important, qui caractérise si visiblement la nature du pêcher, va nous montrer manifestement le temps de la taille et la manière de la faire.

Suivant ce principe, tout bouton à fleur qui n'est pas accompagné d'un œil à bois est stérile et ne porte point de fruit ; les fleurs, aussi belles que les autres, tombent après la floraison sans nouer, ou, s'il reste quelques fruits, ils tombent à moitié formés, et les branches restent nues et sèches, sans bois et sans fruit (1).

---

(1) Ce principe est trop absolu ; on sait aujourd'hui, par expérience, que les branches à fruit privées d'œil à bois au-dessus d'eux les conservent et les mûrissent très-bien (*).

La taille ne doit donc se faire que lorsqu'on voit l'œil à bois commencer à se développer, afin de former sa taille sur des boutons fructueux, c'est-à-dire sur des boutons à fleur accompagnés d'yeux à bois, parce que souvent l'hiver fait périr les boutons à bois par les verglas et les neiges; il faut, par conséquent, attendre le développement des yeux, pour être assuré de leur végétation : autrement ce serait tailler souvent un chicot mort et desséché. Cela fait voir encore que l'on ne doit point attendre que les pêchers soient en pleine fleur; on peut faire la taille avant l'ouverture de la fleur, et même il est très-avantageux de prévenir son entier développement, pour opérer avec plus de facilité.

Deuxième principe essentiel.

Les branches à fruit du pêcher, lorsqu'elles ont une fois rapporté des fruits, n'en donnent plus; il faut donc les renouveler tous les ans. Cette opération, bien essentielle, comme on voit, n'est bien connue et pratiquée qu'à Montreuil; on verra, à l'article du *Remplacement*, la manière de l'opérer.

Ces deux principes exposés vont déterminer l'opération de la taille. Il faut commencer par détacher les arbres entièrement, et les bien nettoyer de tout ce qui se trouve entre eux et les murs.

Les branches à bois sont les premières qui se présentent; ce sont elles qui doivent porter les branches à fruit; elles doivent en être garnies dans toute leur longueur. Puisqu'il faut renouveler tous les ans les branches à fruit, comme le second principe en démontre la cause, il faut donc espacer les branches à bois de façon à pouvoir placer les nouveaux bourgeons qui doivent porter les fruits de l'année suivante, et étendre ces branches à bois autant que possible, afin d'avoir de beaux arbres et beaucoup de fruit, parce que, *règle générale,* il faut avoir du bois pour avoir du fruit. Pour cet effet, il faut connaître la forme que l'on doit donner au pêcher. Il est très-certain que, si l'on ne se met pas bien dans la tête cette formation du pêcher, l'on n'aura jamais un bel arbre, et l'on ne fera que du ravaudage abóminable.

De la forme du pêcher.

Le pêcher doit être formé sur deux *branches mères*, faisant, dans leur origine, un angle de 90 degrés, afin de forcer la séve à se jeter sur les côtés, d'étendre par ce moyen les arbres avantageusement, et les mettre sûrement à fruit : autrement la séve, n'étant point dévoyée sur les côtés, se porterait verticalement, et ne produirait qu'une ou deux grosses branches qui surpasseraient bien vite les murs ; l'arbre serait tout dégarni du bas et n'aurait qu'une très-petite étendue.

Sur ces deux branches mères doivent être distribuées d'autres branches à bois, dans des espaces suffisants pour placer les branches à fruit qui en sortiront, les pouvoir palisser sans confusion, et que l'arbre soit entièrement garni sans aucun vide. On nomme *membres* ces branches à bois secondaires qui sortiront des deux branches mères, en rempliront les parties supérieures et inférieures, suivant les espaces qui vont être déterminés.

L'espace entre les branches à bois appelées *membres* sera déterminé par la distance nécessaire pour placer les branches à fruit qui en sortiront ; la longueur de ces dernières pouvant être de 50 à 65 centimètres, il est évident qu'il faudra laisser, entre les membres qui les produiront, un espace de 65 centimètres, pour pouvoir palisser ces nouveaux bourgeons, qui rempliront cet intervalle à la fin de leur pousse.

Cet ordre et cette distance déterminés par des raisons physiques incontestables, la taille des branches à bois sera facile à opérer : ordinairement on les taille du fort au faible, c'est-à-dire dans l'endroit où leur grosseur commence à diminuer ; cependant, sur les jeunes arbres qui poussent des branches à bois de 1 à 2 mètres de long, et qui ont encore poussé, dans toute leur longueur, des branches à fruit garnies de bons yeux, que l'on nomme *faux bourgeons*, cette taille serait beaucoup trop courte : dans ce cas, il faut allonger beaucoup plus et tailler les faux bourgeons suivant leur force et selon qu'ils sont garnis de bons yeux.

J'ai eu de jeunes pêchers dont la vigueur était si forte, qu'ils poussaient des branches à bois jusqu'à 2 mètres et 1/2 de long ; je taillais les branches mères, pendant les quatre à cinq premières années, de 1 mètre à 1 mètre un tiers de long, et en cinq ans ils garnissaient un espace de 10 mètres sur des murs de 3 à 4 mètres de hauteur, sans aucun vide du bas en haut, avec des fruits partout, et les membres égaux distribués avec la même régularité de chaque côté. On peut se procurer en tous lieux de tels arbres, en les plantant avec les soins que j'y ai mis, et l'intelligence nécessaire pour les former et les diriger. On sent bien que les membres supérieurs auront bientôt poussé jusqu'au haut des murs ; c'est pourquoi, à la taille, on ravalera sur des branches inférieures, et au palissage on couchera au-dessus du chaperon les bourgeons qui surpasseraient ces murs, au lieu de les couper, ce qui ferait avorter tous les yeux inférieurs (1).

La taille des branches à fruit est également déterminée par les raisons physiques tirées de leur nature et de leur manière de fructifier exposées ci-devant ; on y a vu qu'il y en a de quatre espèces : la première et la deuxième, qui ont des yeux triples et doubles, seront taillées également de deux yeux à fruit jusqu'à quatre, suivant leur force, en observant que ces fruits soient toujours accompagnés d'un œil à bois, absolument nécessaire, comme je l'ai dit, pour la fécondation du fruit dans les pêches. Lorsque ces branches se trouvent privées de bons yeux dans le bas, on sent bien qu'il faudra alors allonger la taille, inconvénient dont on préviendra le défaut au palissage.

La troisième espèce de branches à fruit n'a que des boutons à fleur, sans yeux à bois à

---

(1) Aujourd'hui on ébourgeonne et on pince , parce qu'on sait que plus on laisse de bourgeons dans les sommités, plus on y appelle la séve , qui n'a déjà que trop de tendance à s'y porter (*).

côté qui puissent les féconder ; ne pouvant
porter des fruits, elles doivent être retranchées
ou, si elles étaient nécessaires pour remplir un
vide, il faudrait voir si elles auraient un œil à
bois dans le bas et tailler dessus, ce qui pourrait donner une bonne branche à fruit pour
l'année suivante. Ordinairement elles ont un
œil à bois à l'extrémité ; c'est toujours le cas
de les supprimer, parce qu'elles resteraient
dégarnies dans toute leur longueur, ce qui
ferait un vide, défaut qu'il faut éviter ; ce
que ne font pas les jardiniers routiniers, qui,
voyant cette espèce de branches garnies de
fleurs dans toute leur longueur, taillent dessus un bouton à fleur, et la branche reste
sèche après les fleurs passées, qui tombent
toutes sans nouer.

La quatrième espèce de branches à fruit,
n'ayant que 6 à 8 centimètres de longueur et
formant un bouquet de fleur avec un œil à
bois au milieu, ne doit point être taillée, le
bourgeon à bois qui en sort étant suffisant
pour nourrir ces fruits, qui deviennent ordi-

nairement très-beaux et manquent rarement. Ainsi on laisse ce précieux bourgeon partout où il se trouve, sauf à le supprimer après la maturité du fruit, lorsqu'il se trouve sur le devant des branches à bois.

Lorsque les branches à fruit se trouvent être des branches de remplacement, comme il sera expliqué à cet article, et qu'on en aura laissé deux dans le bas pour cet objet, il faut alors ravaler sur la plus basse, et ne pas tailler sur les deux, ce serait une confusion et une défectuosité; car, comme m'ont dit les femmes de Montreuil à ce sujet, *point de cornes!*

La taille faite, il faut attacher avec grand soin toutes les branches, soit à bois ou à fruit, avec de l'osier pour ceux qui ont des treillages, et des clous quand on se sert de loques.

La figure de la pl. 2, qui est à la fin de cet ouvrage, montre la forme que doit avoir un pêcher; on y voit les branches mères AB, AC, d'où sortent les membres D, E, F, qui doivent remplir l'intervalle supérieur entre ces branches, et G, H, I les membres pour garnir l'espace inférieur. Ces membres sont espacés de 65 centimètres, pour y placer les branches à fruit qui en proviennent, telles qu'on les voit dans cette figure.

Il est très-essentiel que les deux branches mères soient toujours les dominantes de l'arbre, et que les membres ne deviennent jamais plus forts; car alors ils recevraient la majeure partie de la séve, les branches inférieures dépériraient bien vite, l'arbre se trouverait dégarni et ne s'étendrait plus : c'est ce qui arrive ordinairement dans tous les jardins. La séve, qui est toujours disposée à se porter dans les hauts, coule avec abondance dans les membres supérieurs; on en voit aussitôt quelques-uns croître avec impétuosité, devenir branches dominantes au lieu d'être branches secondaires, ce qui fait que la branche mère et les membres au delà décroissent aussitôt et périssent en peu de temps.

C'est par une taille raisonnée que l'on peut se procurer des branches disposées dans cet ordre; pour y parvenir, il faut prendre l'arbre dès sa plantation. La première année, il faudra couper la tige du pêcher à 27 ou 33 centimètres au-dessus de la greffe, pl. I, fig. 1re. On palissera les bourgeons qui pousseront sur les côtés, et on supprimera ceux de devant et de derrière. On choisira parmi ces bourgeons les deux plus forts, un de chaque côté, pour en former les deux branches mères, et on veillera avec grand soin pour que ces deux bourgeons soient égaux en forces ; sans quoi la séve s'emporterait d'un côté, et on ne pourrait jamais obtenir l'égalité nécessaire pour former les deux côtés de l'arbre.

Pour parvenir à cette égalité, si on voit un bourgeon qui ait poussé d'un côté beaucoup plus fort que l'autre, il faudra rabaisser ce bourgeon dominant et l'attacher, ce qui ralentira la séve, qui se portera sur le moindre bourgeon de l'autre côté, que l'on aura soin d'élever : il se fortifiera bientôt, et, lorsque l'égalité sera rétablie dans ces deux bourgeons, on les palissera alors à la même hauteur.

Si cette jeune tige ne poussait qu'un bon

bois d'un côté, il faudrait le recouper sur un fort bourgeon, que l'on redresserait alors pour en former la tige de l'arbre, et on le taillerait sur de bons yeux placés sur les côtés, pour en avoir les deux branches mères (attention que l'on doit avoir lors de la plantation), ce qui retarderait d'une année la formation de l'arbre; on ne doit avoir d'autre but, cette première année, que de se procurer ces deux branches mères.

La seconde année, fig. 2, pl. I, ne doit nous donner que le membre inférieur G et la prolongation de la mère branche; pour cet effet, il faudra tailler les deux mères fort près de la tige, sur deux yeux placés, l'un en dessous, pour avoir le membre inférieur, et l'autre en dessus, pour le bourgeon servant à la branche mère, que l'on aura soin de plier et palisser dans la direction moyenne que l'on voit dans cette figure, ayant grande attention de la mettre très-droite dans cette direction sans la courber, de même que le membre inférieur.

La troisième année, il faudra se procurer

le membre supérieur D, et la prolongation de la branche mère, par la taille marquée 3.

La quatrième donnera le membre inférieur H, et toujours la prolongation de la mère branche par la taille marquée 4, pl. I.

A la cinquième année, on pourra avoir le membre supérieur E, même figure, ainsi que la suite de la mère branche, pour continuer la formation de l'arbre : il doit être entièrement formé à la sixième année. La figure de la planche 2 indique sept tailles, et ce n'est qu'à la huitième année de plantation ou à la septième taille que la formation est complète. S'il a été bien planté et bien conduit, il doit remplir au moins un espace de 8 mètres.

Cependant tous les sujets ne se prêtent pas facilement à cette forme régulière et nécessaire pour former un bel arbre. Souvent il s'en trouve de difficiles à amener à une aussi belle forme ; les membres supérieurs attirent abondamment la séve, qui cherche toujours à se porter verticalement : alors ces membres deviennent dominants sur les mères branches.

Pour éviter un défaut si préjudiciable, il faut une grande attention pour ne pas laisser dominer ces membres : pour cet effet, il faut, après la taille, 1° ne pas attacher ces membres verticalement, mais les incliner sur la mère branche, comme on le voit dans la figure, afin de donner moins de facilité à la séve.

2° On doit, au palissage, mettre la mère branche sur le plus fort bourgeon qui aura poussé à son extrémité, et en laisser un moindre à l'extrémité de la branche destinée à faire un membre.

3° Si, malgré ces précautions, le bourgeon supérieur d'un membre devenait plus fort que celui de la branche mère, ce serait une très-grande faute de tailler sur ce bourgeon dominant du membre où il se trouve : dans ce cas, il faut absolument ravaler la branche membre sur un bourgeon inférieur moindre en force que celui qui forme la suite de la branche mère, et même, s'il est nécessaire, laisser à l'extrémité de la taille du membre quelques brindilles à fleur pour amuser la séve, et em-

pêcher par là qu'elle ne s'emporte trop fortement dans les membres supérieurs ; car, je ne
cesserai de le répéter, pour former un bel arbre d'une très-grande étendue, portant abondamment de beau fruit, il est absolument
nécessaire, que les deux mères branches do-
minent sur toutes les autres brauches à bois
tant supérieures qu'inférieures, et qu'elles
forment comme deux arbres placés obliquement de chaque côté du tronc, dont les deux
branches soient les tiges, et les membres des
branches à bois du second ordre, d'où sortent
les branches à fruit.

C'est ainsi que la nature forme des pêchers sans art dans les pays chauds, comme
nos provinces méridionales et l'Italie ; on n'y
a ni murs ni abris ; on jette un noyau en terre,
il en sort une tige forte et vigoureuse, qui s'é-
lève droite et forme la branche mère. Tout
autour sortent des branches à bois moins
fortes, qui sont les membres, et sont garnies
de branches à fruit pendantes de tous côtés,
ayant de magnifiques et délicieuses pêches.

Ce sont deux de ces arbres qu'il faut savoir former et placer de chaque côté de notre basse tige ; pour cet effet, supprimer les membres de devant et de derrière, et espacer suffisamment les membres des côtés, pour y placer, sans confusion et sans se croiser, les branches à fruit nouvelles qu'une taille raisonnée doit procurer chaque année.

Pour obtenir des deux côtés de l'arbre une forme régulière, il est nécessaire de tailler les deux membres correspondants sur des bourgeons de même force et à la même hauteur chaque année ; observer la même précaution pour la taille des branches mères. Il faut, à la vérité, beaucoup d'attention et d'étude pour parvenir à cette direction savante d'un arbre si difficile à gouverner ; mais c'est à l'intelligence du cultivateur à pourvoir à tous les cas qu'il est impossible de détailler, science qu'il ne peut acquérir que par de longues observations et beaucoup d'années de travail.

On a vu, par les détails précédents, qu'il faut tailler très-long les branches à bois, et même tailler sur les nouvelles branches les bourgeons à fruit qu'elles ont poussés l'année précédente, et qu'on doit tailler court les branches à fruit. Il n'y a qu'à Montreuil où l'on suive cette pratique ; partout ailleurs les jardiniers routiniers font tout le contraire : ils taillent court les branches à bois ou même les suppriment tout à fait, disant que ce sont des *gourmands*, dénomination imaginée par la plus profonde ignorance.

Après cette mutilation meurtrière, ils taillent fort long les branches à fruit ; les voyant garnies de fleurs tout le long, ils n'osent les réduire à leur juste force. Si l'année est favorable, elles donnent beaucoup de fruit et ne font que quelques minces productions en bois. Par une pratique si contraire à la physique naturelle des arbres, la séve, arrêtée dans son cours, s'extravase de tous côtés, forme des gommes et des chancres, et fait bien vite périr les arbres, qui, pendant cette courte durée, étant dépourvus de bon bois, ne peuvent avoir ni étendue ni fruit. C'est ainsi qu'on voit, dans tous les jardins des particuliers, de peuple pêchers plantés les uns sur les autres, pleins de calus, de chicots, défigurés, déformés et rabougris, tout dégarnis du bas, et n'ayant plus que quelques mauvais bois qui surpassent les murs. On dit ensuite que le pêcher ne dure pas; ce sont vos massacrages, jardiniers routiniers, qui détruisent si promptement un si bel arbre !

De l'ébourgeonnement.

L'ébourgeonnement est la suppression des bourgeons superflus. Cette opération se fait ordinairement dans le mois de mai, lorsque les plus forts bourgeons ont acquis de 27 à 33 centimètres de long (1). On ôte tous ceux

---

(1) Il y a un premier ébourgeonnement, que les Montreuillois appellent *ébourgeonnement à la pousse*. Il a lieu, en effet, sur tous les bourgeons inutiles, dès leur développement; lorsqu'ils ont de 1 à 2 centimètres, on les fait tomber avec le doigt. Cette opération remplace *l'éborgnage*, qu'on ne fait pas sur le pêcher, et y conserve la séve que ces bourgeons auraient consommée pour s'allonger de 27 à 33 centimètres.

qui ont poussé devant et derrière les branches à bois, et on ne conserve que ceux placés sur les côtés ; par cette pratique, on ne réserve que les bourgeons nécessaires pour garnir l'arbre, bien placés, et qui, mieux nourris par le retranchement des bourgeons inutiles, deviennent plus féconds et plus fructueux, et forment de meilleures branches à fruit et à bois. Surtout il faut veiller soigneusement à ce que le bourgeon terminal des branches à bois soit le meilleur, afin de former la suite de bonnes branches à bois, et, si le dernier œil de la taille avait manqué ou fait de faibles pousses, il faudrait ravaler sur le bourgeon inférieur le plus fort ; c'est principalement aux branches mères qu'il faut que ce bourgeon qui sort de l'extrémité de la taille soit fort et vigoureux, pour former toujours la suite d'une tige dominante.

A l'égard des branches à fruit, il n'y faut toucher que lorsqu'on verra le fruit noué et assuré ; alors il faudra supprimer tous les bourgeons dénués de fruits. Si ces fruits ont manqué à l'extrémité de la branche taillée, il faudra ravaler sur le bourgeon inférieur accompagné de fruit, et supprimer ceux au-dessous sans fruit, à l'exception, cependant, d'un ou deux des plus bas, qu'il faut toujours conserver avec le plus grand soin, pour les raisons qui seront expliquées à l'article du *Remplacement* ; et il faudrait ravaler entièrement la branche sur ces bourgeons inférieurs, s'il n'avait noué aucun fruit dessus.

Du palissage.

Le palissage ne doit se faire que lorsque les bourgeons ont acquis assez de force et de longueur pour pouvoir être attachés avec facilité ; on doit retarder, le plus qu'il est possible, par deux raisons faciles à sentir : la première est que le fruit, trop tôt découvert, est souvent brûlé par l'ardeur du soleil ; au lieu que, conservé sous les bourgeons et les feuilles, il se perfectionne, et acquiert de la force pour mieux résister à la chaleur brûlante dont il se trouve atteint en sortant de ses abris : c'est pourquoi il serait très-avantageux d'avoir un temps couvert ou pluvieux lors du premier palissage, pour qu'il ne soit pas tout de suite exposé à un soleil ardent, qui lui est autant nécessaire lors de la maturité qu'il lui est préjudiciable dans un temps où il est encore tendre et délicat.

La seconde raison se tire d'un grand nombre de bourgeons que l'on retranche au palissage. Si cette soustraction se faisait trop tôt, cela ferait pousser de toutes parts les yeux à bois des nouveaux bourgeons et donnerait une quantité de faux bourgeons incapables de fruit pour l'année suivante.

D'ailleurs, par le retard, on laisse acquérir aux bourgeons une certaine force et assez d'étendue pour pouvoir les palisser tous, et ne pas être obligé de recommencer quatre jours après ; malgré cela, il faudra y revenir plusieurs fois dans l'été. Un jardinier qui aurait cinquante beaux pêchers plantés à 8 mètres aurait assez d'ouvrage, s'il voulait les bien soi-

gner jusqu'à la maturité des fruits ; car, lorsqu'il aura fini le palissage, qui doit durer un
mois au moins, il faudra recommencer sur les
premiers palissés, et toujours continuer jusqu'à
la cueillette, où alors il faudra travailler à l'o-
pération du remplacement, dont il sera parlé
ci-après (1).

Le palissage se diffère ordinairement au
mois de juillet, tant par les raisons expliquées
que pour ne pas le faire avant que les fruits
soient assurés, ce que l'on ne peut savoir qu'a-

---

(1) Aujourd'hui les bons tailleurs d'arbres ayant remarqué
que le palissage avait une influence très-grande sur l'activité
de la végétation, selon que les bourgeons étaient plus ou moins
formés, et selon qu'ils étaient peu ou beaucoup serrés dans
les attaches, n'ont point d'époque fixe pour cette opération. Ils
palissent plutôt les bourgeons dominants que les faibles, parce
que la gêne qu'ils en éprouvent modère leur vigueur. C'est
pourquoi ils commencent toujours par les sommités de l'arbre
et par le dessus de chaque branche. Il est vrai qu'on ébourgeonne souvent en palissant, mais on peut palisser sans ébourgeonner ; et dans tous les cas nous signalons comme un principe vrai que l'ébourgeonnement et le palissage successifs sont
de beaucoup préférables à ceux qui se font d'une seule fois,
parce qu'ils portent moins de trouble dans l'économie de
l'arbre.

près le solstice, parce que c'est dans ce temps que la nature, qui ne travaille que pour la fécondité des germes, est occupée à former l'amande des fruits : tous ceux dont l'amande est viciée tombent dans ce temps; on en voit beaucoup par terre que l'ignorance des lois de la nature attribue si mal à propos aux mauvais vents et aux intempéries, tandis que cette chute ne provient que du vice des germes reproductifs; ce qui fait que tous ces fruits inféconds, abandonnés par la nature, qui ne veut point opérer pour l'infertilité, meurent et tombent. Ouvrez tous ces avortons, et vous verrez la vérité de ces justes observations.

La végétation, occupée alors uniquement à la formation de l'amande, n'agit point sur les bourgeons ; on les voit rester sans pousser pendant environ quinze jours; après quoi, toutes les bonnes amandes étant assurées, la végétation reprend son cours dans les bourgeons ; on les voit croître avec vigueur, et ils s'allongent à vue d'œil. C'est ce qu'on appelle la *pousse d'août*. C'est véritablement alors

que l'on doit faire le palissage, en commen-
çant par les pêchers les premiers mûrs.

On doit observer cependant qu'on doit prévenir ce temps pour les jeunes pêchers qui ne
sont pas encore formés, et qui, n'ayant pas
de fruit ou très-peu, poussent vivement, dès
la première pousse, de forts bourgeons, qu'il
faut palisser de bonne heure, tant pour dé-
charger ces jeunes sujets de bois inutiles et
mal placés que pour plier et disposer facilement les bourgeons à bois, suivant la forme
qu'ils doivent prendre, avant qu'ils aient acquis assez de force pour se prêter, avec moins
de facilité, à la direction où il faut les assujettir, et encore pour empêcher qu'ils ne soient
pas rompus par les grands vents; cette mutilation rendrait l'arbre défiguré et très-difficile
à pouvoir ensuite lui donner une belle forme.

Par la même raison, l'on doit veiller sur les
forts bourgeons des branches à bois des arbres
formés, et les palisser dans la direction qu'ils
doivent prendre pour faire la suite de ces
branches avant le temps désigné pour le pa-

lissage général, afin d'éviter les accidents qui pourraient nous priver de bons bois nécessaires pour former le corps des arbres. C'est ainsi qu'en n'examinant pas la nature on agit toujours en aveugle, à contre-sens, et on ne fait que de détestables ouvrages.

Le palissage se fait avec du jonc pour ceux qui ont des treillages, ou avec des clous et des loques pour les murs sans treillage, et couverts d'un enduit de plâtre, comme à Montreuil. Dans l'un ou l'autre cas, il faut attacher tous les bourgeons, soit à bois ou à fruit, de plusieurs liens lorsqu'ils ont quelque longueur, en observant de ne les point croiser, de les espacer également et à assez de distance pour ne pas faire confusion et un chiffonnage abominable. Pour cet effet, il y aura une suppression considérable : 1° tous les bourgeons qu'on ne pourrait placer sans confusion ; 2° tous ceux qui seraient venus sur les derrières et devant de nouveaux bourgeons à bois, en ayant soin de ne les pas couper tout près de l'écorce, à cause des gommes et des chancres que cela pourrait occasionner, mais au moins à 13 ou 14 millimètres de longueur, que l'on supprimera à la taille du printemps suivant, en observant, cependant, de n'ôter que les bourgeons inférieurs, et qui paraîtraient vouloir dominer sur les bourgeons qui doivent servir à la prolongation de ces branches ; on laissera les faux bourgeons de l'extrémité, encore petits et tendres, pour amuser la séve, et on palissera ceux des côtés assez forts pour cela. De même, s'il sort des yeux de l'extrémité des branches à bois des bourgeons doubles et triples, il faudra n'en conserver que le meilleur à chaque œil et supprimer les autres, si on ne l'a pas fait à l'ébourgeonnement.

3° Tous les bourgeons qui seront venus à côté des fruits doivent être coupés à trois ou quatre feuilles ; leur suppression totale les ferait périr. Comme on l'a dit, on ne doit conserver qu'un ou deux bourgeons des plus bas venus sur ces branches à fruit, les palisser pour servir au remplacement de ces branches, et ravaler sur ces bourgeons inférieurs, s'il n'était resté aucun fruit. Dans les palissages suivants, on continuera d'attacher les bourgeons à mesure qu'ils pousseront ; on supprimera à chaque fois les faux bourgeons qu'on avait laissés pour amuser la séve sur les bourgeons à bois, qui depuis ont acquis de la force, en laissant les nouveaux de l'extrémité, et palissant toujours ceux des côtés.

Aux derniers palissages, on laisse même tous ces petits faux bourgeons qui poussent à l'extrémité de tous les forts bourgeons, et les font paraître comme des hérissons. On ne les ôte qu'à la fin de septembre ou en octobre, lorsque la séve est passée, afin que leur suppression, lorsque la séve est encore en action, ne la fasse pas agir sur les yeux du bas, qui doivent donner les jets du printemps suivant, et ne les fasse pousser. C'est ainsi que le pratiquent les ingénieux cultivateurs de Montreuil, toujours guidés par des raisons physiques dans leurs opérations.

Du pincement (*).

L'ancienne école de Montreuil n'admettait pas le pincement; il ne faut donc pas s'étonner que Butret n'en ait point fait mention. Le pincement opère la suppression de l'extrémité herbacée d'un bourgeon ou faux bourgeon (car on l'emploie sur l'un ou sur l'autre) en la pinçant entre les ongles du pouce et de l'index. Il a pour but d'arrêter le développement de ceux qui ont une végétation bien plus vigoureuse que leurs voisins, afin d'obliger la séve qui se porte vers eux avec trop d'affluence à se diriger vers les plus faibles, et à leur faire reprendre une vigueur plus en rapport avec la leur.

On voit de suite que le pincement diffère de l'ébourgeonnement en ce que le premier est le raccourcissement d'un bourgeon, tandis que le second en est la suppression totale.

On peut pincer, selon le besoin, les bourgeons, depuis qu'ils ont une longueur de

10 centimètres jusqu'à celle de 30 ; toutefois il est bon de remarquer que, si l'on attend que le bourgeon ait pris une consistance ligneuse et qu'il faille employer le sécateur pour opérer la suppression, ce n'est plus un pincement, mais une *taille en vert*.

Il faut, pour pincer à propos, se rendre un compte exact des résultats que donne cette opération. Il importe donc de savoir que plus un bourgeon s'allonge promptement, plus les yeux qui se forment à l'aisselle de ses feuilles sont distancés, plus aussi ceux de sa base courent risque de s'éteindre, parce que la séve qui tend toujours à monter s'élève davantage vers les sommités ; au contraire, dans un bourgeon dont la croissance est modérée, les feuilles sont plus rapprochées et les yeux mieux nourris. Il faut qu'on sache encore que le pincement n'a qu'un effet momentané, et que la séve, d'abord suspendue, reprend ensuite son cours, sinon avec la même activité, du moins avec une affluence qui continue le développement du bourgeon, en faisant ouvrir en faux bourgeon l'œil sur lequel le pincement a été fait, et qui, devenu le terminal, est celui sur lequel elle agit avec plus d'efforts.

Or il résulte de cette action naturelle que, si en pinçant un bourgeon on lui laisse trop de longueur, sa végétation, reprenant après une suspension de quelques jours, viendra continuer son allongement avec assez de vigueur pour que les yeux de la base ne cessent pas de s'appauvrir; si on pince trop court, lorsque la séve reprendra sa marche interrompue, non-seulement l'œil le plus élevé s'ouvrira en faux bourgeon, mais il pourra arriver que ceux qui le suivent subiront la même évolution. Il y a donc, comme on le voit, une juste proportion à saisir, ce qui n'est pas toujours facile.

Mais ce principe général subit encore quelques modifications, selon la place qu'occupent les bourgeons : ainsi ceux qui servent de prolongement aux branches de la charpente ont besoin d'être maintenus dans une dimension modérée, pour que leurs yeux, qui doivent pro-

duire les petites branches de leur arête, soient
suffisamment rapprochés et bien constitués;
si donc ils s'allongent trop vivement, ce qui
arrive surtout dans les branches supérieures,
il faut pincer. Mais la séve, ralentie par cette
opération, afflue en quantité quelques jours
après, et ne tarde pas à faire ouvrir les yeux
qui se trouvent au sommet; il faut, en pareil
cas, se garder de pincer la nouvelle pointe, ce
qui ferait augmenter le désordre, il vaut mieux
couper le bourgeon principal sur le faux le
plus bas, et pincer ce dernier en palissant
convenablement ce qui en reste, pour qu'il
prenne une bonne direction.

Toutes les fois qu'il s'ouvre de faux bourgeons sur un rameau qui n'a pas été pincé,
il faut pratiquer sur eux un pincement raison-
né, et ne pas les ébourgeonner, parce que ce
serait se priver d'yeux nécessaires à l'établis-
sement des branches à fruit sur la portion de
ce bourgeon conservée après la taille suivante.

Les bourgeons qui poussent sur les branches et qui deviennent trop dominants doivent être pincés, surtout les supérieurs, dont la vigueur exubérante pourrait nuire à la bonne constitution du rameau le plus inférieur et qu'on destine au remplacement. Si, par suite de cette opération, celui-ci, qui ne doit jamais devenir plus gros qu'un tuyau de plume, s'allongeait outre mesure, menaçait de prendre trop de volume, il faudrait le pincer, et, si ce pincement faisait ouvrir de faux bourgeons, il faudrait le rabattre sur le faux bourgeon le plus bas, qu'on pincerait à son tour lorsqu'il aurait six ou huit feuilles.

Toute suppression qu'on ne peut pas faire avec les ongles et pour laquelle il faut employer le sécateur est une *taille en vert*.

De la taille en vert, ou de mai (*).

La taille en vert est une taille d'été au moyen de laquelle on supprime tout ce qui est inutile et consomme en pure perte une certaine quantité de séve.

C'est ainsi qu'on supprime, pendant la végétation, les bourgeons inutiles et devenus ligneux, et qui ont échappé à l'ébourgeonnement, les branches à fruits qui les ont perdus, et plus tard celles sur lesquelles on les a cueillis, surtout lorsque, dans l'un et l'autre cas, leur suppression peut être favorable au bourgeon destiné au remplacement.

On taille en vert, pour les rabattre sur un faux bourgeon inférieur et convenablement placé, les pointes des branches charpentières qui s'emportent, ce qui se voit assez souvent dans celles du dessus. Il peut même arriver, à leur égard, qu'on les rabatte sur du bois de deux ans, au-dessus d'un rameau qu'on redresse et dirige de manière à remplacer cette pointe sans irrégularité.

On répare par la même opération, ainsi qu'il a été dit à l'article précédent, le mauvais résultat d'un pincement qui a fait ouvrir au sommet du bourgeon pincé plusieurs faux bourgeons, en supprimant toute la portion du bourgeon placée au-dessus du faux bourgeon le plus inférieur, et en pinçant celui-ci, s'il est nécessaire, pour obtenir la végétation modérée dont on a besoin.

Dès le mois de mai on peut avoir à tailler en vert, et successivement jusqu'à la fin de la végétation.

Du remplacement.

Cette opération, absolument essentielle au pêcher, qu'il faut répéter tous les ans, n'est cependant pratiquée qu'à Montreuil : partout ailleurs les jardiniers routiniers taillent très-long les branches à fruit ; elles ne poussent qu'un bourgeon faible à l'extrémité. Ils allongent encore, l'année suivante, ce bourgeon terminal, dont une médiocre pousse, qui vient au bout, est encore traitée comme les précédentes ; et, à la troisième année, la branche à fruit, si elle n'est pas morte, se trouve allongée de 1 mètre, ayant à peine quelque jet à son extrémité : tout le bas reste nu, l'arbre devient vide, défaut irréparable, le pêcher ne repoussant presque jamais de son vieux bois.

Au contraire, par le remplacement on a continuellement de nouvelles branches à fruit bien conditionnées tout près des branches à bois ; l'arbre est toujours plein et en état de donner de beau fruit en abondance. Ce travail se fait aussitôt la cueillette des fruits. J'ai exposé ci-devant qu'il ne fallait laisser sur les branches à fruit qu'un ou deux bourgeons, qu'on aura eu grand soin de tirer des yeux les plus bas, et d'en favoriser l'accroissement par la suppression de tous ceux qui se trouvent au-dessus, avec les précautions que j'ai indiquées. Il faut donc, après le fruit recueilli, ravaler les branches à fruit sur l'un ou les deux bourgeons inférieurs conservés. En ôtant ainsi ces chiffons inutiles de branches qui ont rapporté des fruits, on donne de la séve et de la force aux bons bourgeons qui doivent les remplacer : ils se trouvent par là bien mieux en état de donner des fruits, l'année suivante, que si l'on avait attendu la taille prochaine pour faire ce retranchement ; ce qui prépare l'opération du printemps et la rend bien plus facile (1).

Des soins nécessaires aux fruits.

Quoiqu'il tombe beaucoup de fruits dans le temps du solstice, cependant, lorsque l'année est favorable, il en reste encore beaucoup trop, ce qui préjudicierait à leurs grosseur et qualité, et à la végétation des bourgeons. Il vaut

---

(1) Ainsi l'opération du remplacement, aujourd'hui mieux comprise qu'au temps de Butret, consiste uniquement à rabattre la branche à fruit qui a fourni sa récolte sur le rameau le plus rapproché de la branche charpentière, et qui, pour être bien constitué, doit être muni, à son talon, d'un ou deux bons yeux à bois, et à tailler ce rameau sur un œil de pousse surmontant deux ou trois boutons à fleur. Si entre l'insertion du rameau et la fleur la plus basse il se trouvait plus de deux yeux à bois, il faudrait ne conserver que les deux placés plus bas, et éborgner ou ébourgeonner à la pousse tous les supérieurs surabondants. On supprime également l'un des yeux inférieurs, lorsque la végétation les a mis en évidence et que les intempéries ne sont plus à craindre, en préférant toujours celui qui est le plus rapproché de la branche charpentière, à moins qu'il ne soit trop défectueux ; le bourgeon ainsi conservé, dont le développement normal sera surveillé pendant toute la saison, sera, à la taille suivante, le rameau de remplacement. (Voyez la fig. 19, pl. 3.) (*)

mieux n'avoir qu'une quantité raisonnable de beaux et bons fruits que le double de petits et insipides. C'est pourquoi il faut, lors du palissage, supprimer ce qu'il pourrait y avoir de trop, comme les fruits doubles ou triples, et quelquefois quatre ou cinq ensemble en petits bouquets. C'est au discernement à juger les moins bons, et ôter quelques-uns de ceux qui, ainsi groupés, empêcheraient le développement des autres.

Un autre soin bien important est de découvrir les fruits avant la maturité, tant pour leur faire avoir un beau coloris que pour leur donner par ce moyen la qualité qu'ils ne peuvent acquérir sous les feuilles ; pour cet effet, il faut ôter toutes les feuilles qui les couvrent, en les coupant avec la serpette (1) au-dessus de leur support, et non en les arrachant, ce qui ferait tort aux boutons. Cette opération ne doit se faire entièrement qu'environ quinze jours avant la maturité pour les pêches rouges,

---

(1) Mieux avec le sécateur (*).

comme *pourprée hâtive, petite* et *grosse mignonne, galande, madeleine de courson* et *violette,* ayant soin d'y parvenir par gradation, et non tout d'un coup, pour ne pas exposer le fruit à être brûlé. A l'égard des autres pêches qui viennent après celles-ci, et qui n'en ont jamais le vif coloris, pourquoi on ne les appelle plus *pêches rouges,* il faut les découvrir plus tôt, pour leur donner toute la couleur et saveur qu'elles peuvent prendre dans cette saison moins chaude, ce qui se fait ordinairement dès le commencement de septembre.

De la cueillette des pêches.

Il faut empoigner la pêche avec les cinq doigts, et en tirant doucement elle vient aussitôt à la main, si elle est mûre, ce qu'on connaît facilement par une teinte jaune qui parait au travers de son coloris. Rien n'est plus préjudiciable et ne caractérise mieux l'ignorance que de poser le pouce dessus et presser la pêche pour voir si elle mollit dessous et juger par là de sa maturité. Certainement c'est lui faire une meurtrissure qui la fait pourrir en vingt-quatre heures. C'est la même ineptie qui les fait tirer avec force et arracher même la queue plutôt que cueillir, ensuite entasser en pyramide dans les paniers profonds et étroits. Portées ainsi dans les marchés de Paris, elles y seraient vendues moitié moins que celles de Montreuil.

Ces intelligents cultivateurs, qui connaissent si bien toute la délicatesse d'un si beau fruit, ont des paniers à cueillir, grands et plats, avec un rebord de 8 centim. seulement. Ils étendent dessus de vieilles tapisseries de Bergame, pliées en double; et, après avoir cueilli les pêches avec toutes les attentions que je viens de dire, ils les posent doucement sur ces tapis, et mettent encore dessous une feuille de vigne, les portent avec précaution dans la fruiterie et les déposent sur de grandes tables ainsi tapissées. Ensuite, avec des brosses douces, ils les brossent légèrement et très-adroitement sans leur faire la moindre meurtrissure, pour en ôter ce duvet blanc et épais qui les couvre, ce qui donne à leur coloris toute la vivacité dont il est empreint, et une beauté qui charme à la vue ; après quoi, elles sont très-bien arrangées avec des feuilles de vigne sur de petits paniers plats de huit pêches chacun, dont ils mettent une douzaine sur leurs noguets, entrelacés et couverts de feuilles, par-dessus une toile qui attache le tout : elles sont ainsi portées, sans être endommagées, dans les marchés, où ils vont toute la nuit pour faire leur vente dès le point du jour, et retournent ensuite cueillir, arranger, pour repartir la nuit pour une nouvelle vente.

Quelle peine et quels travaux pour la culture et la vente ! C'est le métier qu'ils font tout l'été, qui à peine leur laisse le temps de sommeiller un peu. On peut bien dire que ces laborieux cultivateurs gagnent, à la sueur de leur front, le prix bien mérité qu'ils tirent de leurs fruits.

Des différentes espéces de pêches.

Je ne parlerai que des meilleures, qui se succèdent depuis juillet jusqu'en octobre :

En juillet, les *avant-pêches* rouges et blanches, fort petites, mais très-bonnes : la rouge est préférable ;

Au commencememet d'août, *pourprée hâtive*, la *madeleine blanche* et la *petite mignonne,* toutes trois excellentes : la première a un vif coloris, ainsi que ses fleurs, et est assez belle, de 60 millimètres de diamètre. La *madeleine blanche*, de la même grosseur, a aussi les fleurs grandes, mais pâles, et n'a qu'une légère teinte de rouge du côté du soleil.

La *petite mignonne* a les fleurs les plus petites de tous les pêchers ; ses fruits, de la grosseur d'une noix, sont très-colorés et d'un excellent goût. L'arbre pousse vigoureusement et charge beaucoup ; j'en ai eu qui, à cinq ans, avaient déjà quatre cents pêches. La petitesse de ses fruits fait qu'on le ménage moins à la taille qu'un autre, et qu'on n'en ôte aucun : ils mûrissent tous très-bien dans cette saison si favorable aux pêches.

A la mi-août, commencent la *grosse mignonne* et la *galande*, qui durent le reste du mois, et se prolongent dans les premiers jours de septembre, à l'exposition du couchant. Ce sont les deux plus belles de toutes les pêches et des meilleures, ayant ordinairement 24 centimètres de tour et jusqu'à 30.

La *grosse mignonne* fait un bel arbre, des plus vigoureux et très-fécond, qui vient bien aux trois expositions. Ses fleurs sont les plus grandes de toutes, ayant 18 millimètres de hauteur et largeur, d'un beau rouge au milieu. Le fruit, s'il est découvert à temps, acquiert un vif coloris du côté du soleil.

La *galande* a une saveur plus fine que la précédente, et devient ordinairement un peu plus grosse ; mais l'arbre est plus délicat, et demande des expositions du midi et du levant ; il est plus sujet à la cloque qu'un autre : par toute ces raisons, il doit être plus ménagé à la

taille et soigné avec grande attention. Malgré
toutes ces précautions, j'en ai eu qui étaient si
fort attaqués de la cloque dans tout un espalier
du levant, que la végétation était tout à fait arrêtée, et je voyais les arbres près de périr.
Pour y remédier, je les ai entièremeut déta-
chés du mur, j'ai tiré toutes les branches en
avant pour les exposer à l'air, et je les faisais
arroser tous les soirs, en jetant de l'eau avec
l'arrosoir sur toute la surface de l'arbre. Par
ce moyen, ils ont repris leur séve ; repoussés
de toutes parts, je les ai rattachés en août, et
ils étaient aussi beaux que les autres à la fin
de l'été. Les fruits sont d'un rouge pourpre et
entièrement colorés, s'ils ont été bien décou-
verts. Les fleurs n'ont que 11 millimètres de
hauteur, et sont d'un rouge vif.

Au commencement de septembre, succèdent aux deux espèces précédentes les grosses
et les petites violettes hâtives, qui sont bien
moins grosses, mais beaucoup plus fines, et
les plus délicieuses de toutes les pêches : elles
sont lisses et sans duvet : la peau, du côté du

soleil, d'un violet foncé ; les fleurs à peu près comme la bourdine. L'arbre pousse moins en bois que les autres, mais est très-fertile, et a ses branches à fruit très-garnies de boutons plus rapprochés que dans les autres espèces. Ces deux variétés durent environ dix jours.

Aux pêches rouges qu'on vient de décrire succèdent celles de la grande saison, qui n'ont plus cette couleur foncée des premières, et sont seulement teintes d'un rouge clair du côté du soleil.

L'*admirable* et la *chevreuse tardive* succèdent aux violettes, et remplissent l'intervalle entre elles et les *bourdines*. *L'admirable* fait un bel arbre, mais délicat, et demande l'exposition du midi. Ses fleurs, de couleur rose, sont de moyenne grandeur ; le fruit en est très-beau et excellent.

La *chevreuse tardive*, qui vient en même temps, est moins grosse, mais charge beaucoup plus. Ses fleurs, plus petites que la *bourdine*, qui lui succède, sont aussi moins colorées. La fertilité de ce pêcher, qui vient bien aux trois expositions, fait qu'il est beaucoup cultivé à Montreuil, où l'on trouve peu d'*admirables*.

A la fin de septembre, commence la *bourdine*, qui se prolonge jusqu'à la fin d'octobre, à l'exposition du couchant ; petites fleurs, d'un rouge plus foncé par les bords, de 9 millimètres de hauteur. Le fruit, très-bon dans les années chaudes, devient aussi beau que la *grosse mignonne,* mais n'en est point une variété, comme l'avance un auteur qui nous a donné quatre volumes sur la culture des jardins ; il faut n'avoir jamais vu de pêches pour classifier ainsi deux espèces si différentes, et oser avancer *qu'elles mûrissent en même temps, sont teintes des mêmes couleurs, et que la* bourdine *est d'un goût plus* parfait. Ce sont toutes faussetés manifestes : l'une mûrit dès la mi-août, a les fleurs très-grandes, la peau d'un beau coloris, le noyau très-petit ; l'autre mûrit en octobre, a les fleurs moitié moindres, la peau légèrement teinte de rouge, le noyau très-gros et incrusté bien plus profondément que dans la première.

Le *teton-de-Vénus* et la *royale* sont absolument la même espèce que la *bourdine*, que les auteurs peu instruits nous classifient sous trois noms différents ; elles ont même fleur, mêmes forme, grosseur et couleur, et mûrissent en même temps. Le mamelon si vanté du *teton-de-Vénus*, commun aux trois espèces, n'est qu'accidentel, ne vient pas tous les ans, ni à toutes les pêches d'un même arbre ; ainsi on ne voit nulle raison d'en former trois variétés : il est bon de détruire une fausseté qui n'est qu'un charlatanisme des pépiniéristes.

Des abris.

Le pêcher, qui rapporte de si beaux et si bons fruits dans les pays chauds, planté en plein vent, n'en donne que de médiocres ou de très-mauvais dans le climat de Paris ; c'est pourquoi il lui faut des murs et des abris. On

ne peut mieux instruire les amateurs de jardins qu'en rapportant ce que pratiquent, pour
cet usage, les ingénieux cultivateurs de Montreuil.

Le premier abri dont ils se servent est une
tablette de 10 centimètres de largeur au bas
du chaperon de leurs murs : comme ils palissent à la loque, cette avance est suffisante
pour faire, toute l'année, un petit couvert à
leurs arbres attachés sur les murs, et les préserver de la chute perpendiculaire des pluies
et des frimas, qui pourraient endommager les
yeux des branches à bois et à fruit.

Pour ceux qui ont des treillages qui éloi-
gnent les arbres du mur, il faudra une tablette
de 16 centimètres : elle servira à conserver
les treillages, en même temps qu'elle pourra
être utile aux arbres.

Pour préserver des gelées et froidures du
printemps, les Montreuillois ont imaginé un
autre abri, c'est le paillasson : pour en faire
usage ils font sceller, sous le chaperon de
leurs murs, des échalas faisant saillie d'un

demi-mètre et placés à la distance de 1 mètre, sur lesquels ils attachent avec de l'osier des paillassons, de longueur ordinaire de 3 mètres, pour pouvoir porter sur quatre échalas, et les déborder de 16 centimètres, afin qu'ils puissent se croiser et être attachés deux ensemble au même échalas, après avoir mis deux liens aux échalas intermédiaires, un à chaque traverse, dont sont formés les paillassons, qui auront seulement un demi-mètre de largeur.

On pose ces paillassons dès le mois de février, avant l'ouverture des fleurs et la taille des arbres ; on les laisse jusqu'à la mi-mai, lorsqu'on présume ne plus avoir à craindre de gelée. Comme ils sont mis horizontalement, cela n'empêche point qu'on puisse faire la taille, suivre les travaux nécessaires pendant tout ce temps, voir la pousse des arbres, leur floraison et tous les effets de la végétation, ainsi que de visiter souvent les espaliers, pour en détruire les limaçons, chenilles et autres insectes qui rongent les jeunes pousses et les embryons des fruits. On peut assurer que ce simple abri conserve les fleurs beaucoup plus longtemps et leur donne un coloris plus vif; on se procure par là une agréable joussance de quinze jours de plus, outre l'avantage de la conservation des fruits, qui sont l'objet précieux de nos désirs et de nos travaux.

Les paillassons se font à Montreuil avec des traverses de cercles, qu'on doit se procurer avant qu'ils aient été pliés ; on en pose deux par terre, à la distance de 30 centimètres; on met, dessus ces cercles, de la paille, que l'on replie d'un côté en deux ; ensuite on met deux autres traverses sur les premières, et on les lie ensemble avec de l'osier, pour tenir la paille, que l'on taille avec des ciseaux du côté où les deux bouts se rassemblent. Les traverses seront de 3 mètres de long, et la paille qui formera la largeur du paillasson sera coupée à un demi-mètre; on aura soin de ne lui donner qu'une légère épaisseur.

Il ne sera pas inutile de dire quelque chose sur la construction de leurs murs, et de la manière de les disposer pour recevoir le plus avantageusement les influences de soleil dans chaque exposition. Ils sont formés avec de très-petits moellons et des plâtras, s'ils en peuvent avoir, maçonnés avec du plâtre, qu'ils ont abondamment dans leur canton, et recouverts ensuite d'un enduit de plâtre de 3 centimètres d'épaisseur, afin de pouvoir aisément ficher partout les clous dont ils se servent pour attacher leurs arbres. Ces murs n'ont que 30 centimètres d'épaisseur, et sont construits d'aplomb, afin de conserver la perpendicularité à leurs arbres, et par ce moyen les préserver facilement de la gelée, qui tombe toujours verticalement, et de toute chute de pluies et frimas perpendiculaires, qui, par le moyen de leurs tablettes, ne les touchent qu'obliquement.

A l'égard des expositions, il y a toujours un mur principal qui est au midi. A 2 mètres de distance et le long de ce mur, ils en construisent d'autres en équerre, éloignés les uns des autres de 10 à 12 mètres. Ces murs secondaires ont deux expositions du levant et du couchant, de façon que leur direction soit dans le couchant d'une heure, c'est-à-dire que le soleil ne donne sur la partie du couchant qu'à une heure après midi, et qu'il quitte alors le levant; disposition qu'une longue expérience leur a démontrée la plus favorable, afin qu'ils soient exactement perpendiculaires par le mur du midi. On voit bien qu'il a fallu que ce mur fût un peu incliné vers le couchant.

Par cette disposition, leurs jardins forment une suite de parallélogrammes, dont les deux bouts aboutissent vers les murs du midi et du nord, en y laissant seulement un espace de 2 mètres à 2 mètres et demi. On met des poiriers aux murs du nord, comme des *beurrés*, *crassanes* et *saints-germains*, qui y viennent très-bien. Les trois autres expositions sont pour les pêchers et les abricotiers.

On laisse, tout le long des murs, une plate-bande au moins de 2 mètres, qui sert d'allée pour faire tous les travaux que demandent les arbres; c'est pourquoi on n'y plante absolument rien. Les Montreuillois ont assez de jugement pour sentir que, s'ils cultivaient quelque chose sur ces plates-bandes, cela nuirait beaucoup à la végétation de leurs espaliers, et empêcherait de pouvoir les visiter tous les jours pour y donner les soins nécessaires.

Cette méthode, dont le mérite est apprécié par le simple bon sens, est bien contraire à ce qui se pratique dans tous les autres jardins: on y voit, le long des espaliers, des plates-bandes de 1 à 2 mètres, toujours chargées de végétaux, comme pois, fèves, haricots, salades, qu'on laisse monter en graine, et parmi lesquels on trouve souvent des herbes de toute espèce qui y croissent et grainent.

Comment veut-on qu'un terrain ainsi dévoré puisse fournir la subsistance aux arbres qu'il doit nourrir, et comment y faire la taille, le palissage et autres cultures (1)? Aussi ne voit-on, le long de ces murs, que la difformité et l'in-

---

(1) Un des inconvénients, bien connu, de ces plates-bandes

fécondité. On laisse, en avant de ces plates-bandes ainsi épuisées et inabordables, de belles allées larges de 2 à 3 mètres, bien sablées, où les maîtres, aussi instruits que leurs jardiniers routiniers, promènent leur insouciance, sans s'apercevoir de toutes ces abominations. On ne finirait jamais s'il fallait répéter toutes les pratiques vicieuses et insensées mises en usage dans tous les jardins pour nuire aux arbres, au lieu des moyens nécessaires

---

garnies de productions plus ou moins serrées, c'est qu'elles servent de pâture et de refuge à des milliers d'insectes de toutes les couleurs, qui passent successivement des légumes aux arbres fruitiers, et qui exercent impunément leurs ravages, malgré la surveillance la plus active.

Mais on est tenté de profiter de telle ou telle exposition pour avoir des primeurs, des pois plus précoces : le j.rdinier qui n'a pas la ressource des couches à châssis et des cloches s'empare des plus belles plates-bandes, pour pouvoir au moins présenter de belles laitues à ses maîtres; et l'on sacrifie ainsi aux jouissances passagères de quelques jours le plus bel ornement et l'un des produits les plus agréables de nos jardins.

Je vous le répète donc, optez entre les deux cultures, et ne sacrifiez pas l'une à l'autre.

pour les faire prospérer et les féconder ; cependant il ne faut qu'une très-médiocre judiciaire pour sentir des raisons aussi palpables.

Il ne faut pas passer sous silence une pratique non moins erronée et des plus folles, c'est de planter le chasselas entre les pêchers à peine espacés de 3 mètres, où on met souvent encore une demi-tige entre deux ; de faire ensuite des cordons sur le haut des murs. On voit donc des basses tiges, des demi-tiges et des chasselas les uns sur les autres, croisés, liés et attachés ensemble. C'est ainsi que sont fagotés presque tous les espaliers des jardins de Paris. On peut juger, par ces abominations, des jardiniers et des maîtres : ils appellent cela planter *à la Quintinie ;* il serait plus juste de dire *planter à la diable.*

Malgré les soins des Montreuillois pour ne laisser jamais croître aucune plante parasite sur leurs plates-bandes, ils sentent bien que la terre s'épuise par les belles productions de fruits que fournissent, chaque année, leurs arbres : pour y remédier, ils fument, tous les trois ou quatre ans, leurs plates-bandes, et mettent, en automne, 10 à 14 centimètres de fumier sur la totalité ; ils l'y laissent ainsi tout l'hiver, et le réenterrent avec la fourche après la taille.

Ils ne font qu'un seul labour à leurs plates-bandes après l'opération de la taille, toujours avec la fourche, et très-léger, pour ne pas endommager les racines de leurs arbres ; dans tous les autres temps de l'année, ils n'y pratiquent que des ratissages, comme je l'ai dit. Il est très-essentiel de ne pas faire ce labour pendant la fleur; les exhalaisons que produirait alors le terrain nouvellement remué seraient fort nuisibles aux fleurs et feraient couler les fruits : il faut donc prévenir l'ouverture des fleurs, ou, mieux, attendre que les fruits soient noués.

Une pratique qui paraît meilleure, dont commencent à faire usage les cultivateurs les plus ingénieux de ce village, est de ne point labourer du tout, excepté dans l'année de la fumaison, et de se contenter des ratissages.

Ils ont observé qu'ils avaient par là beaucoup moins de perce-oreille, insectes si nuisibles aux fruits, parce qu'ils font facilement leurs nids dans une terre remuée. Pour ceux qui mettent toutes sortes de plantes sur les plates-bandes, c'est un moyen assuré d'en avoir en abondance ; car c'est sous ces plantes que ces insectes pullulent et se reproduisent sans fin.

De la plantation.

J'ai dit avoir planté à 10 mètres, et en cinq ans avoir eu des arbres qui remplissaient entièrement cet espace, ce qu'on pouvait se procurer partout. Voici les moyens que j'ai employés : j'ai fait creuser des tranchées de 1 mètre un tiers de profondeur, au fond desquelles j'ai posé la fondation de mes murs, bâtis en bons moellons, à chaux et sable, n'ayant point de plâtre dans le lieu où je les construisais. Je les ai élevés de 4 mètres un tiers pour en avoir 3 au-dessus du terrain. Le chaperon était fait avec des pierres de taille de 5 à 8 centimètres d'épaisseur, assemblées en feuillures, et formant une tablette de 16 centimètres, avancement nécessaire parce que je me servais de treillages. Sous ce chaperon étaient mises, à 1 mètre de distance, des barres de fer traversant le mur, et sortant de 65 centimètres pour recevoir les paillassons.

Ces murs ainsi construits, je faisais défoncer les plates-bandes de 1 mètre un tiers de profondeur et de 3 mètres un tiers de largeur, enlever à mesure tout ce qui se trouvait de mauvaise terre ; je faisais passer toutes les bonnes à la claie, et remplir ce qui me manquait par des terres préparées et mûries, également passées à la claie, et dont j'avais toujours des amas ; ensuite je plantais avec grand soin des sujets bien choisis, dont j'ai su diriger la végétation, qui ne se prêtait pas toujours facilement aux formes auxquelles je voulais l'assujettir. Je tenais mes plates-bandes, de 3 mètres de large, toujours nettes et propres, sans y souffrir la moindre herbe, afin que mes arbres pussent étendre leurs racines comme leurs têtes.

Dans les sécheresses, je faisais arroser ; on pratiquait une petite fosse au pied des arbres, où l'on jetait deux et jusqu'à quatre arrosoirs d'eau pour les grands arbres chargés de fruit et un seul pour les jeunes et nouveau-plantés. Aussitôt l'eau imbibée, on rabattait la terre dans la fosse. On répétait cette opération tous les deux jours. Dans les sécheresses, je faisais arroser sur toute la surface de l'arbre, tous les jours au soir, pour ceux qui languissaient. Voilà tout le secret dont je me suis servi pour avoir de si belles productions en si peu de temps ; on voit bien que cela est praticable partout.

Mes soins pour la plantation étaient de choisir dans les pépinières les sujets les plus forts, greffés de 10 à 16 centimètres au-dessus de terre, ayant une seule tige sortant bien droite de sa greffe sans être courbée, ou en trompette, et ayant de bons yeux au-dessus de la greffe ; de ne planter que des sujets greffés d'un an et non rebottés, c'est-à-dire qui, ayant mal poussé la première année, ont été recoupés sur un œil au-dessus de la greffe, et ont fait une plus forte pousse la seconde année. Ces sujets ne valent jamais rien. Je ne plantais que des pêchers greffés sur amandier et non sur prunier : ces derniers ne font jamais d'aussi beaux arbres et ne rapportent pas d'aussi beaux fruits que les premiers ; il faut avoir soin de les faire arracher avec le moins de dommage possible aux racines.

En les plantant, on doit mettre la greffe au moins à quatre doigts au-dessus du terrain, et couper la tige de 27 à 33 centimètres au-dessus de la greffe, en ôtant les bourgeons qui auront poussé dans cette hauteur, sans endommager l'écorce de la tige et le petit bourrelet qui se trouve à l'insertion des bourgeons, afin qu'il en sorte de nouveaux bourgeons, que l'on choisira et dirigera comme il a été dit ci-devant. Cette suppression de la tige ne doit se faire qu'au printemps, quoiqu'on ait planté en automne, afin d'éviter qu'un hiver trop rigoureux ne fasse périr le sujet.

TAILLE DES AUTRES ARBRES A NOYAU.

L'abricotier se taille comme le pêcher, mais ne saurait recevoir cette belle forme et cette régularité que l'on peut donner au pêcher. Comme il repousse facilement de toutes ses branches de nouveaux bourgeons, il demande moins d'attention et de ménagements; ainsi l'on peut plus allonger la taille des branches à bois. S'il se faisait quelque vide, il sera aisément rempli en rapprochant ces branches. Tailler toujours court les petites branches à fruits, où ils se trouvent souvent groupés cinq ou six ensemble et jusqu'à douze, que l'on aura soin d'éclaircir au palissage. Les petits bouquets de 3 à 6 centimètres de long sont laissés sans taille partout où ils se trouvent, sauf à les ôter à la taille suivante, s'ils se montrent sur le devant ; si on les laissait, l'arbre deviendrait charmille, ce qui serait abominable.

La taille, l'ébourgeonnement et le palissage se font avant le pêcher, parce que sa pousse est plus précoce ; il faut la même attention pour découvrir le fruit avant sa maturité, sans quoi il serait insipide et sans couleur.

Les abricotiers en plein vent demandent à être taillés comme les autres, sans quoi les arbres seraient bientôt dégarnis du bas, défectueux, et dureraient peu.

Le prunier donne ses fruits sur les nouvelles branches comme les précédents ; ainsi c'est à peu près la même taille. Il faut avoir attention de ne pas tailler sur un bouton à fruit simple ; car il n'en sortirait point de bourgeon à bois, et il ne resterait qu'un chicot desséché : ainsi il faut attendre le développement des yeux, qui ne se fait qu'après les deux espèces précédentes, où l'on peut tailler sûrement et choisir avec discernement la longueur nécessaire que l'on peut donner aux branches à bois pour garnir les espaliers.

Le cerisier en espalier est beaucoup plus facile à conduire que les précédents ; il demande peu de taille. Ses branches à bois sont garnies de petits bouquets qui n'en veulent aucune ; il ne s'agit donc que d'attacher ces branches et de les espacer suffisamment pour donner de l'air aux petits bouquets à fruit que l'on conserve partout. Les vides sont aisément remplis en rapprochant les branches à bois. Il faut palisser avec soin et ôter tout ce qui s'allonge trop sur le devant, en coupant à 1 centimètre et demi de long.

On ne met en espalier, au midi et au levant, que la petite précoce de mai et la précoce d'Angleterre, qui est le *mayduk*. On voit à Montreuil beaucoup d'espaliers de ces deux espèces qui font de superbes tapis. Au nord, on met une cerise tardive de Hollande, qui est très-belle, fructifie beaucoup et va jusqu'à la fin d'octobre. Je n'en ai point vu en France (1).

---

(1) Voir, à la page 93, la taille des cerisiers et pruniers sous la forme de quenouille ou pyramide.

DES ARBRES A PEPINS.

La fructification de ces arbres, bien différente de ceux à noyau, demande, par conséquent, une autre manière de les conduire, afin de n'agir jamais que suivant les principes que la nature de la végétation nous indique. Ce ne sont plus les nouveaux bois qui donnent les fruits, excepté dans quelques cas dont j'ai parlé ; mais ils viennent sur des lambourdes et des brindilles, qui sont de petites branches répandues sur toute la surface des autres branches (qui, par conséquent, sont celles à bois) ; les lambourdes sont ordinairement trois ans à se former avant de donner des fruits, quelquefois davantage, surtout dans les poiriers, qui ont peine à se mettre à fruit.

Tous les yeux des branches à bois poussent des bourgeons qui deviennent lambourdes, brindilles ou branches à bois, suivant la force de l'arbre et la longueur de la taille.

Si on taille très-court, comme deux à trois

yeux, il ne poussera que de fortes branches à bois, qui, traitées de même l'année suivante, donneront toujours de forts bois, et on n'aura jamais de fruit. Si on taille ces branches à moitié environ de leur longueur, les yeux de l'extrémité donneront des bourgeons à bois ; ceux au-dessous, des brindilles ; et les inférieurs, des lambourdes. Si on laissait les branches à bois de toute leur longueur sans les tailler, et qu'on les inclinât horizontalement, il n'en sortirait que des lambourdes ou boutons à fruit.

C'est d'après ces effets que l'on doit se conduire : les premières années, tailler court pour avoir des branches à bois, observer de former l'arbre d'abord sur deux branches mères égales, et ensuite tâcher de le diriger également de chaque côté ; à mesure que l'arbre se forme, on allonge plus la taille pour avoir des fruits, en se réglant d'après les principes exposés.

Les brindilles sont de très-petites branches à bois, dites aussi branches à fruit, parce qu'elles ne poussent ordinairement que des lambourdes ; elles se laissent entières, si elles n'ont que quatre à cinq yeux ; l'année suivante, on casse ou on coupe, près de sa sortie, le bourgeon qui aura poussé à son extrémité : si elles se trouvent plus longues, il faudra les casser à trois ou quatre yeux.

Les lambourdes, qui sont les branches à fruit, longues de 3 à 6 centimètres, ne se taillent point ; il repousse, à côté du support des fruits, d'autres lambourdes pour les années suivantes ; elles continuent ainsi de fructifier pendant longtemps.

S'il sortait quelque bourgeon de ces lambourdes, il faudrait, au palissage, le casser ou couper aux sous-yeux. On fera la même opération sur tous les bourgeons qui pousseront en avant et qu'on ne peut placer, travail qu'il faut retarder le plus possible, pour ne pas faire pousser de faux jets de toutes parts, au lieu de la formation des lambourdes : ainsi il ne doit se pratiquer que dans le mois de juillet.

Le cassement est une opération qui sert à

mettre à fruit des bourgeons à bois, au lieu de les couper près de la branche d'où ils sortent ; il n'est employé que sur des arbres à pepins : pour ceux à noyau, la gomme fluerait aussitôt et ferait périr les branches ; il se fait au-dessus des sous-yeux, communément à 1 centimètre et demi de longueur.

Il est employé avec succès pour mettre à fruit des arbres fougueux, et doit être ménagé sur des arbres faibles et qui sont chargés de lambourdes. Il n'a lieu à la taille que sur les brindilles et branches allongées que l'on veut conserver, et que l'on casse seulement par les bouts ; quant aux branches à bois que l'on veut supprimer, il vaut mieux les couper à l'épaisseur d'un écu, il en sort ordinairement une brindille ou lambourde. Au palissage, le cassement se fait sur tous les bourgeons à supprimer. A Montreuil, il est peu pratiqué ; ils aiment mieux couper au-dessous des sous-yeux.

Il y a beaucoup d'arbres de cette classe que les jardiniers ne peuvent mettre à fruit ; la raison en est bien simple, c'est qu'ils taillent trop tôt et trop court. Attendez que la floraison se manifeste, alors taillez fort long; c'est le moyen de réduire ces arbres et de les amener à fructifier. Ce sont surtout les pommiers sur franc ou sur doucin qui sont les plus rebelles, et font le désespoir des jardiniers : différez jusqu'à ce qu'ils soient en fleur, taillez très-long, ou ne faites que casser les bouts des branches; couchez-les toutes et n'en laissez aucune verticale, vous les disposerez sûrement à fruit.

Mais on me dira sans doute : Cela est bon pour les espaliers, on ne peut incliner les bois des buissons. J'en ai eu de cette forme qui étaient indomptables; je les ai laissés sans tailler. A la mi-mai, j'ai seulement cassé toutes les branches à bois très-long; il est sorti des lambourdes de tous les yeux, et, l'année suivante, j'ai eu abondance de fruits.

C'est ainsi qu'en suivant ces pratiques raisonnées on aura toujours de beaux arbres et beaucoup de fruit.

Des contre-espaliers.

On ne plante plus de buissons ; comme ils couvrent de grandes plates-bandes et qu'ils sont dix à douze ans à se mettre à fruit, cela fait qu'on a abandonné il y a longtemps cette méthode, attribuée à *la Quintinie*. La science des jardins, perfectionnée depuis cet auteur, montre le vice de toutes les pratiques qu'il nous a si diffusément détaillées dans ses deux gros volumes.

On leur a substitué les contre-espaliers. Pour en avoir de beaux, il faudrait les planter au moins à 6 mètres ; cet espace est le moindre pour des arbres que l'on ne peut élever et qu'il faut nécessairement étendre pour avoir des fruits. Que dire de ceux qui plantent à 2 ou 3 mètres? Faute de place, ils ne font que taillader et mutiler ; c'est un sûr moyen de n'avoir que des avortons pleins de calus, de nodus et autres difformités, sans bois ni fruits.

Des quenouilles ou pyramides.

Depuis peu, on commence à remplacer les contre-espaliers par une autre forme nouvelle en France, mais ancienne en Allemagne, où l'on en fait usage avec beaucoup de succès et d'avantage. Ce sont les quenouilles, que l'on a bien raison de préférer aux deux autres formes pour garnir les plates-bandes des contre-espaliers : on se procure par là une prompte jouissance sur plus d'arbres ; car on peut les planter à 2 ou 3 mètres de distance, et un chasselas entre eux deux, ou un pommier sur paradis. Dans les gros jardins, on en fait des carrés entiers entremêlés de chasselas ; cela fait un très-bel effet et donne de riches productions en peu de temps; on les emploie également pour les espaliers, où on tire les mêmes avantages. En plantant, on peut les couper à 1 mètre ou 1 mètre un tiers de haut.

Quelques auteurs qui n'ont pas les premiers éléments de la grande science des arbres fruitiers les ont beaucoup décriées, disant qu'elles ne durent pas ; cela pourrait être entre leurs mains, qui n'ont pas plus de pratique que leur tête de théorie. Qu'ils parcourent les beaux jardins d'Allemagne, ils en verront d'anciennes et magnifiques chargées de fruits ; on les y appelle *pyramides* (voir la fig. 2, pl. IV), avec plus de raison que *quenouilles*, nom qu'on leur a donné en France. Pour les jardiniers routiniers, il faut les laisser bavarder avec leurs maîtres, dont les connaissances sur cet objet sont aussi bornées que celles de ces planteurs de choux et de laitues.

Pour cette plantation, on doit choisir, dans les pépinières, des poiriers greffés de trois ans, dont les tiges soient fortes, bien droites et garnies depuis le bas ; rebuter toutes celles effilées, minces et dégarnies ; ne planter que des arbres greffés sur cognassier. Il faut réserver ceux sur franc pour les hautes tiges des vergers et des avenues.

A l'égard des pommiers, il ne faut planter que des paradis, qui donnent de si beaux fruits dès. les premières années, et ne manquent presque jamais de rapporter. Leur petitesse fait qu'on peut les mettre à 1 mètre de distance: ils réussissent partout; aussi on en plante aujourd'hui par milliers, et il n'y a si petit jardin où l'on ne puisse en placer beaucoup.

Ce sont surtout les quenouilles de cerisiers (1), dont la grandeur et la belle verdure du feuillage font un effet charmant. On plante entre deux des cerisiers précoces de mai, dont la petitesse fait qu'on peut les tenir en boule ; on peut aussi les entremêler de paradis : cela forme une diversité des plus agréables, comme j'avais fait en Allemagne, où j'avais planté dans un vaste jardin cinq cents pyramides de cerisiers distantes de 6 à 8 mètres, et entremêlées d'un cerisier précoce ou groseillier, avec deux paradis.

A la floraison de ces variétés, qui était si

______

(1) Butret fait intervenir ici les cerisiers et pruniers, parce que ce sont les seuls arbres à fruit à noyau auxquels on peut appliquer la forme pyramidale. Encore, est-elle peu pratiquée (*).

agréable, succédait une récolte de cerises des plus belles espèces pendant deux mois, et ensuite toutes sortes de pommes superbes.

Depuis trois ans que j'ai quitté ces magnifiques jardins, j'en ai fait plusieurs plantations dans les environs de Paris, où elles ont parfaitement réussi ; et les premières forment déjà de jolis arbres qui m'ont presque tous donné des fruits dès la première année.

Les quenouilles de cerisiers greffées sur *sainte-lucie* sont préférables à celles greffées sur merisier, qui est meilleur pour les hautes tiges.

On peut aussi avoir des quenouilles de prunier. On en trouve de fort belles dans les pépinières de Vitry, ainsi que des poiriers : pour celles des cerisiers, elles n'y sont pas communes.

Une petite négligence que l'on pourrait reprocher aux pépiniéristes de Vitry, c'est de ne pas veiller avec soin sur les basses branches des arbres qu'ils destinent pour quenouilles, et même de les laisser couper aux garçons qui travaillent leurs pépinières, ce qui les rend tout à fait défectueuses pour cet objet; il est de leur intérêt de profiter de cet avis.

Je ne m'étendrai pas davantage sur la culture des arbres à pepins : ceux qui auront bien saisi les détails suffisants que j'ai donnés sur les pêchers, et qui auront bien compris la méthode de les conduire suivant les principes que j'ai exposés, ne trouveront aucune difficulté dans le gouvernement des autres arbres; en examinant attentivement la nature de leur végétation, il leur sera très-facile de les diriger, d'avoir de beaux arbres et abondance de fruits.

Tout le monde connaît le grand jardin des plantes de Paris, supérieurement tenu par les deux frères *Thoüin*, profondément instruits sur la culture. On a commencé à planter, dans un médiocre emplacement de ce jardin, des arbres fruitiers pour en rassembler les différentes espèces.

Une collection pareille demanderait au moins 3 hectares avec des murs pour mettre les espèces qui demandent des abris ; car ce n'est absolument rien d'entasser des arbres comme des plantes : il faudrait de l'espace suffisant pour les diriger suivant la force de la végétation dont ils sont susceptibles, et démontrer ce que peut une savante culture dirigée par une connaissance approfondie des arbres fruitiers, tant pour leur donner de belles et grandes formes que pour en assurer les fruits, afin d'exposer aux yeux du public de magnifiques arbres en tous genres, chargés des plus beaux fruits; ce qui ferait sûrement le tableau le plus intéressant et le plus agréable de Paris, ainsi que le plus sûr moyen d'instruire démonstrativement les amateurs et les jardiniers (1).

J'ai déjà parlé de la plantation que j'avais faite près du Rhin. Le jardin contenait 7 hectares, dont 3 en vergers. J'avais 3,000 mètres de murs garnis des plus beaux espaliers, et j'allais en achever 4,000 mètres pour rendre

---

(1) Le jardin fruitier du muséum est aujourd'hui singulièrement changé et amélioré.

ma collection nombreuse en chaque genre et espèce. Ma plantation était déjà de deux mille cinq cents arbres, tant aux murs que dans les espaces entre deux, lorsque la guerre est venue m'enlever de ces jardins et mettre fin à mes travaux (1).

Du fuseau (*).

La forme en fuseau, fig. 1re, pl. IV, qui s'applique au poirier et au pommier, n'est autre chose qu'une pyramide à branches latérales écourtées. La manière de former un poirier de cette sorte est la même que pour la pyramide, seulement on taille très-court toutes les branches latérales, et de façon cependant que la longueur va en diminuant de bas en haut. Dans la première taille, on ne laisse pas aux branches les plus basses une longueur excédant

____

(1) N. B. Pour l'intelligence des faits rapportés plus haut, il faut se rappeler l'époque où la première édition de cet ouvrage a paru, l'année 1793.

8

2 ou 3 centimètres, et au plus 4 ou 5 millimètres aux plus élevées. Dans les tailles suivantes, on augmente graduellement cette longueur, qui reste la même pour les bourgeons qui se forment sur le rameau de prolongement. On respecte les dards et les lambourdes, qui se développent et qui se mettent à fruit, lorsque leur évolution est terminée. Quant aux brindilles, on les raccourcit ou on les casse, et, si on les maintient entières, on les courbe vers le sol en fixant, à la tige, leur extrémité par un lien.

On taille la tige par les mêmes principes que pour celle de la pyramide ; mais la flèche fait annuellement des pousses plus considérables, qu'on taille en proportion de leur longueur et de leur bonne constitution.

Tous les bourgeons qui se développent de tous les yeux conservés sont, les plus forts, raccourcis de moitié par un pincement qu'on leur fait subir en mai, et les plus faibles par un ébourgeonnement en septembre ; il s'opère au sécateur et ne laisse que deux yeux : ce sont surtout les bourgeons qui s'ouvrent sur les parties les plus élevées du fuseau qu'il faut traiter plus sévèrement, afin qu'ils ne ruinent pas les branches de la base, que la séve favorise moins, et qui n'ont pas, pour l'attirer, un bien grand nombre de feuilles.

On comprend que la forme en fuseau est basée sur une concentration continuelle de la séve dans la tige et sur la faible végétation que laisse aux branches latérales le raccourcissement qu'on leur impose, et qui convertit en productions fruitières toutes les pousses dont elles se chargent.

On conçoit aussi que l'allongement plus rapide de la flèche vers laquelle se porte toute la fougue de la séve laisse parfois des vides qu'il faut remplir au moyen d'entailles longitudinales au-dessus des places dénudées.

Les fuseaux prennent une plus grande hauteur que les pyramides, mais leur diamètre le plus considérable, branches latérales comprises, ne doit jamais excéder 40 centimètres.

La formation des fuseaux présente peu de

difficultés : ils se mettent à fruit vers la quatrième année ; ils sont plus beaux et plus volumineux, parce qu'ils jouissent de beaucoup plus d'air. Dès que la fructification est commencée, elle se succède chaque année sans interruption.

Cette forme n'est pas élégante, mais elle convient aux petits jardins, à cause du peu de place qu'elle occupe, et parce qu'elle ne projette pour ainsi dire point d'ombre sur les cultures environnantes. On lui reproche de diminuer la durée des arbres, ce qui n'est pas encore prouvé.

DE LA VIGNE (*).

CULTURE, GREFFE ET TAILLE.

La vigne est un de nos arbres fruitiers si important qu'il n'y a point de jardin qui en soit dépourvu. Nous avons donc cru devoir, dans cet opuscule, tracer rapidement les principes généraux de sa culture et de sa taille, afin d'effacer la lacune qui existait.

On la multiplie de boutures, de crossettes,

de marcottes enracinées ou chevelées, de greffe et de semis.

Les boutures et crossettes sont des sarments de l'année que l'on plante en terre à une profondeur de 16 à 20 centimètres en les couchant, et relevant leur sommet contre le bord du trou dont il dépasse le niveau, et que l'on taille à deux yeux hors du sol. La crossette ne diffère de la bouture que parce qu'elle conserve, à son extrémité inférieure, un peu de bois de deux ans.

Les chevelées s'obtiennent par la plantation, en pépinière, de crossettes qu'on laisse deux ou trois ans pour former des racines et aoùter leur bois; on les nomme *crossettes salées*.

Les tiges couchées en terre dans les rigoles profondes de 12 à 15 centimètres, et que l'on nomme *provins*, font de fortes pousses, alimentées qu'elles sont par la souche, et les racines qui se développent de leurs nœuds enterrés sont aussi des chevelées lorsqu'on les sépare de leur tige principale. On fait enfin des chevelées en panier en faisant passer, dans un panier ou mannequin qu'on enterre, le sarment provigné et qui y pousse des racines. Ces chevelées, sevrées de leur mère en les coupant au-dessous du panier, sont commodes à transporter au loin, sans risquer d'endommager les racines. Toutes les chevelées, ou marcottes enracinées, se mettent plus tôt à fruit que les simples boutures.

La greffe en fente et celle en navette sont spécialement employées pour la vigne. Il n'y a que les personnes s'occupant de la recherche des variétés qui pratiquent les semis.

Il n'y a sur la vigne qu'une production pour donner naissance aux bois et aux fruits ; c'est l'œil ou bourre, qui, en se développant, fournit un bourgeon qui se garnit de feuilles et de grappes opposées, et ensuite de feuilles et de vrilles également opposées ; les fruits ne sont portés que par les pousses de l'année. Les jeunes ceps fournissent des bourgeons garnis seulement de feuilles et de vrilles.

La vigne reperce sur le vieux bois. Il est rare qu'en taillant au-dessus d'un nœud on ne voie point surgir un bourgeon, résultat d'un des sous-yeux *latents* qui accompagnent toujours l'œil principal.

Les yeux axillaires s'ouvrent rarement en faux bourgeons, lorsqu'ils n'y sont pas provoqués par la taille. Les sous-yeux de la base forment plus souvent de ces bourgeons anticipés.

On taille la vigne de bonne heure, avant que la séve agisse sur les yeux, pour en éviter l'écoulement. Cette opération accélère, d'ailleurs, la végétation. La coupe doit être plus éloignée, que dans les autres arbres, de l'œil sur lequel on taille, à cause de la porosité de son bois.

On appelle coursons ou broches les branches à fruit de la vigne. On les forme en taillant pour la première fois le jeune sarment sur ses deux yeux les plus rapprochés de l'insertion. Leurs productions constituent des bourgeons fructifères. L'année suivante, on rabat sur le bourgeon le plus inférieur, pour supprimer tout ce qui le surmonte. Ce bourgeon, conservé, est taillé sur deux yeux comme le précédent. Dans une vigne très-vigoureuse on peut laisser sur un même courson deux rameaux qu'on traite de la même manière. Les coursons, dans les vignes à cordons, doivent être espacés sur leur longueur, en dessus, aussi régulièrement que possible, et à 16 ou 18 centimètres de distance.

La vigne a besoin d'être rapprochée pour être productive. Ainsi non-seulement on taille court, mais la suppression des bourgeons inutiles ou l'ébourgeonnement est très-employé. On le pratique quand la grappe est visible, mais avant la floraison. On enlève les bourgeons trop faibles, ou doubles et triples, et, lorsque la vigne est trop chargée en fruits, quelques-uns de ceux qui portent des grappes.

On coupe sur leur talon les bourgeons à supprimer, afin de ménager la ressource des sous-yeux, qui seraient détruits sans cette précaution. On supprime dès qu'ils paraissent, et en les tirant de haut en bas, les bourgeons anticipés qui se développent à l'insertion des feuilles.

Les vrilles sont supprimées sur 1 centimètre environ de leur base au moyen du pincement ou à l'aide du sécateur.

On cultive dans les jardins la vigne en ceps et en cordons.

Un cep se compose de la souche, des coursons, et des sarments garnis d'yeux et que l'on taille pour faire produire des bourgeons à fruit ; on le soutient ordinairement par un échalas, et la tige ou souche dépasse rarement 20 à 25 centimètres.

La première taille qui suit l'année de la plantation est courte ; on la pratique ordinairement sur trois yeux disposés pour se développer en pieds de marmite. On éborgne tous ceux qui ne se présenteraient pas dans cette disposition. Ces trois yeux formeront des sarments dont on fera des coursons, en les rabattant chacun, à la taille suivante, sur les deux ou trois yeux les plus inférieurs, selon leur vigueur relative ; c'est-à-dire qu'on laisse plus longs les sarments les plus faibles.

A la troisième taille, tous les yeux conservés ont formé des bourgeons devenus sarments à cette époque; on ne laisse sur chaque courson que le sarment le plus inférieur, qu'on taille, comme précédemment, sur deux yeux.

Les tailles suivantes sont la répétition de celle-ci; car, en principe général, on ne laisse jamais plus d'un sarment sur chaque courson.

La *vigne en cordons* se conduit de la manière suivante : on laisse, après la plantation d'une marcotte ou crossette au pied d'un mur, sa végétation opérer le développement en bourgeons des deux yeux qu'on lui a conservés; dès que leur croissance permet de les juger, on palisse verticalement le bourgeon le mieux venant, et on supprime le plus faible. Dans le mois de juillet, on pince son sommet, pour que ses yeux s'organisent avec vigueur.

A la taille suivante, on coupe au-dessus du quatrième œil : le plus élevé ou *terminal est* destiné au prolongement de la tige; les trois autres, à former des coursons provisoires. Lorsque tous se sont ouverts en bourgeons, le premier est palissé verticalement, les trois autres, plus inférieurs, horizontalement, pour lui donner l'avantage. Si cependant il devenait trop prédominant, on en pincerait le sommet, pour l'arrêter. Les trois autres, probablement à fruit, seront pincés sur une longueur d'environ 50 centimètres; on supprime les faux bourgeons ou bourgeons anticipés que ces pincements peuvent faire ouvrir.

A la troisième taille, on traite la pousse de l'année de la manière que je viens d'indiquer; quant aux trois coursons provisoires, on les supprime rez tige.

C'est ainsi que doivent être faites toutes les tailles suivantes nécessaires pour amener la tige à la hauteur où l'on doit former le cordon.

Le cordon se compose de deux bras qui partent du sommet de la tige et s'étendent sur une longueur égale, l'un à gauche, l'autre à droite. On appelle T le point de leur union sur la tige : il y a plusieurs manières de le former; je n'indiquerai que la plus simple, qui s'opère à la taille d'hiver.

On taille au-dessous de la ligne ponctuée *a*, fig. 3, pl. IV, le rameau de prolongement de la tige au-dessus de son œil *b*; cette coupe favorise le développement des yeux *b* et *c*. On donne aussitôt au premier une direction oblique indiquée par la ligne ponctuée **B**, et on conduit verticalement le second jusqu'à la ligne *a*, à partir de laquelle on lui fait prendre à son tour une direction oblique et opposée à celle de l'œil *b*, tout en lui donnant cependant une position plus verticale selon la ligne ponctuée **C**, pour qu'il atteigne une force pareille au premier. Lorsqu'on en est là, on les palisse l'un et l'autre plus horizontalement, après avoir, s'il en est besoin, pincé le bourgeon. Ce moyen, qui ne forme le T qu'avec le temps, car dès le début il imite plutôt un V, a l'inconvénient de ne pas placer le premier courson de chaque bras à une distance égale de la tige ; il est, toutefois, d'une exécution facile et assurée. On favorise la formation du cordon par le retranchement, rez tige, des yeux et autres productions qui pourraient exister au-dessous de lui.

Il ne faut donner qu'un cordon à une vigne et ne lui laisser qu'une longueur de 6 mètres, 3 mètres pour chaque bras.

A la taille qui suit la formation du cordon, on coupe ses deux bras selon leur force relative, c'est-à-dire que le plus faible est taillé le plus long ; la taille s'opère sur un œil en dessous qui sert à son prolongement. Aussitôt que les yeux s'ouvrent en bourgeons, on supprime tous ceux qui sont inutiles, et notamment tous ceux qui poussent en dessous ; on ne laisse sur chaque bras que deux ou trois bourgeons placés en dessus et distants d'environ 16 centimètres, ce qui oblige à supprimer un œil ou bourgeon sur deux.

On laisse s'opérer en liberté la croissance de l'œil terminal de chaque bras, et ce n'est qu'après que l'un et l'autre ont pris une certaine force qu'on les palisse dans la direction horizontale. Les deux ou trois bourgeons conservés en dessus sont palissés verticalement, et pincés lorsqu'ils ont de 35 à 40 centimètres. S'il se forme des faux bourgeons, on les pince, s'il est nécessaire, ainsi que les productions qui sortent des sous-yeux à la base des bourgeons, excepté sur les points où il y aurait intérêt à maintenir plus de feuilles pour y appeler plus de séve. On évrille toujours ainsi que je l'ai dit.

Les tailles suivantes, nécessaires à l'allongement successif des bras, sont en tous points semblables à celles-ci ; quant au traitement des sarments dont on fait des coursons, il est le même que celui indiqué pour les sarments poussés sur les coursons du cep à basse tige. On profite de tous les yeux qui percent sur la base du courson plus près du cordon que le sarment le plus inférieur, pour rabattre le courson, qui devient désagréable à la vue par sa grosseur et son allongement résultant des tailles successives. Cet œil, en se développant, forme un nouveau sarment sur lequel on recommence une nouvelle série d'opérations semblables. Quand la vigne est très-vigoureuse, on peut laisser deux sarments sur le courson.

Les deux bras, arrivés au terme de leur longueur, sont arrêtés par une coupe sur un œil en dessus dont on obtient le dernier courson. On établit ordinairement l'unique cordon qu'on donne à cette vigne à 40 ou 50 centimètres du chaperon du mur ; c'est mal à propos qu'on cultive en dessous d'autres arbres fruitiers auxquels nuisent par leur ombre les pampres qui garnissent le cordon. Il est donc mieux de consacrer entièrement le mur à la vigne, soit qu'on forme un espalier à la Thomery, soit qu'on le garnisse par une treille en palmette.

Je vais indiquer l'une et l'autre de ces dispositions.

Pour former un espalier à la Thomery, on plante le long du mur autant de pieds de vigne qu'il est nécessaire pour le garnir ; l'intervalle qui doit les séparer est déterminé par la nature plus ou moins riche du terrain : lorsqu'il est substantiel, 40 centimètres suffisent; lorsqu'il est pauvre, 50 à 55 centimètres comme à Thomery. Chaque cep ne fournit qu'un cordon, et la hauteur du mur détermine le nombre des cordons, qui sont espacés comme les ceps entre eux. Il y a donc des thomerys à cordons en nombres différents; il faut autant de ceps que de cordons, et, selon la longueur du mur, cette quantité est répétée autant de fois qu'il est nécessaire pour le garnir. La fig. 5, pl. IV, donne la représentation d'une thomery à six cordons pour un mur de 3 mètres de haut, les ceps et les cordons espacés de 40 centimètres.

On voit que la première série de six ceps constitue six cordons selon l'ordre de leurs numéros. Tous les ceps n° 1 forment le premier cordon établi à 40 centimètres du sol, et la moitié de l'espace qui les sépare est remplie par un des bras des deux plus voisins, d'où il suit que le cordon d'un cep a une longueur de 2 mètres 40 centimètres (1 mètre 20 centimètres pour chaque bras).

La concentration de la séve que nécessite cette disposition rapprochée est favorable à la bonne végétation et à la beauté des fruits d'une pareille treille. Chaque cep, n'ayant qu'un cordon, est conduit absolument comme nous l'avons indiqué pour la vigne à un seul cordon. Il en est de même des coursons, dont les rameaux doivent être pincés dès qu'ils approchent du cordon qui leur est superposé, pour éviter toute confusion. Il est bon de faire remarquer que les deux ceps qui finissent et commencent une thomery ne doivent avoir de bras que d'un côté, pour remplir les intervalles que laisse la série des ceps. Pour planter leurs ceps, les cultivateurs de Thomery couchent leurs chevelées longues de 1 mètre 50 centimètres, et en font arriver le sommet au pied du mur en deux ou trois ans. Il vaut mieux employer des crossettes enracinées, qu'on couche dans des rigoles longues de 1 mètre, creuses de 16 à 20 centimètres, et dirigées en ligne droite vers le mur. La crossette doit être assez longue pour atteindre le mur, sur lequel son sommet est relevé et taillé à deux yeux. La rigole n'est d'abord remplie qu'à moitié et n'est comblée tout à fait qu'en septembre suivant par une couche de fumier chargée de terre.

On plante la vigne en mars et avril, ou en novembre dans les terrains peu humides.

Les mêmes moyens sont à employer pour former des vignes en palmette, ou à cordons verticaux, obliques, circulaires, etc., soit qu'on veuille tapisser un mur, un treillage, soit qu'on désire couvrir un berceau, une tonnelle, ou ceindre de plusieurs tours le fût d'une colonne ou le tronc d'un arbre isolé.

Pour obtenir de beaux raisins, on éclaircit les grappes trop serrées, avec des ciseaux, qui suppriment les grains surabondants, lorsqu'ils sont gros comme des pois. On épampre les vignes blanches, surtout pour colorer les raisins; mais la suppression des feuilles ne doit avoir lieu que successivement et lorsque la maturité commence.

GREFFE DES DIFFÉRENTES ESPÈCES D'ARBRES FRUITIERS.

Des sujets qu'il faut employer pour la greffe,
par **M. Hervy.**

Il ne suffit pas de comprendre l'art de greffer et d'être en état d'adapter à chaque arbre la méthode la plus propre, l'article le plus important est de connaître quels sont les sauvageons qui conviennent aux différentes espèces, ainsi que la qualité du terrain dans lequel ils réussissent le mieux.

Les pêchers se greffent sur amandier ou sur prunier, la qualité du terrain où l'on veut les planter est la seule cause qui en fait faire le choix : on les greffe sur amandier dans les terrains secs et légers, dans lesquels les racines du prunier seraient détruites par la sécheresse, au lieu que dans les terres humides on greffe toujours les pêchers sur pruniers; cependant ces derniers exigent encore un choix d'espèce, ce qui n'est pas à la connaissance de tous les cultivateurs-pépiniéristes et empêche souvent de retirer des arbres greffés tout l'avantage que l'on aurait pu en attendre. Dans l'amandier, nous remarquons des espèces de plusieurs qualités : les unes plus ou moins grosses, les autres ont leurs coques plus ou moins dures ; cependant elles sont toutes bonnes pour le pêcher, à l'exception des amandes amères, qui ne sont propres que pour certaines espèces, telles que la *bourdine*, la *madeleine rouge*, la *royale*, la *grosse et la petite violette*, et la *violette tardive*. Dans les pruniers, nous remarquerons quatre espèces, qui sont le *gros* et le *petit saint-julien*, les *gros* et *petit damas ;* sur ce dernier, toutes les pêches lisses et les deux espèces de *chevreuse* ne réussissent point : on le distingue des autres, en observant, pendant l'été, que l'extrémité de ses pousses est rouge, que celles des autres sont blondes et jaunâtres, et qu'en hiver son bois est moins velouté et plus fort que celui du *gros damas*. On peut aussi greffer les pêchers sur l'amandier à coque tendre, ainsi que sur les pêchers de noyau, mais ils sont de peu de durée.

Les abricotiers se greffent ordinairement sur le prunier, mais non pas indistinctement. L'abricot de Provence, celui d'Angoumois, les albergiers de Tours et de Montgamet exigent que les pruniers sur lesquels on les greffe soient élevés de noyau ; au défaut de ces derniers, on peut les greffer sur amandier, mais ils sont sujets à se décoller au ras de la greffe. La pêche-amande fournit des sujets vigoureux, très-propres à recevoir ces greffes, mais elle est peu connue; l'abricot de Portugal peut être greffé sur le *gros damas*.

Les pruniers se greffent indistinctement sur toute sorte de sauvageons de prunier ; cependant les espèces sur lesquelles le fruit acquiert une meilleure qualité sont la *cerisette* et le *damas rouge*, comme aussi sur les pruniers de semence, qui forment des arbres très-forts et bien vigoureux.

Les cerisiers se greffent ordinairement sur

les merisiers ou sur les cerisiers à noyau; ces derniers forment toujours de faibles sujets, et ne servent ordinairement que pour les cerisiers précoces et autres variétés qu'on destine à mettre en espaliers, ou pour les arbres qu'on se propose de tenir à basse tige. Dans les merisiers, nous en remarquons de deux espèces, les uns à fruit rouge, les autres à fruit noir; ces derniers conviennent mieux aux bigarreautiers et aux guigniers, attendu que leur séve est trop aigre, et que les cerisiers y prennent difficilement en écusson. On distingue ces deux espèces en ce que les merisiers rouges poussent beaucoup; leurs rameaux s'inclinent, les feuilles sont très-larges, blondes et profondément dentelées. Les merisiers noirs, au contraire, poussent peu, soutiennent bien leurs bois; leurs feuilles sont d'un vert très-foncé.

Les poiriers se greffent sur franc ou sur le cognassier; la qualité du terrain est aussi la cause qui en fait faire le choix. Cependant il y a beaucoup d'espèces qui ne viennent point sur le cognassier, telles que le *salviati*, le *bon-chrétien d'été musqué*, la *poire d'œuf*, le *beurré d'Angleterre*, la *bergamote Silvange*, le *besi d'Heri*, la *bergamote d'Angleterre*, la *jalousie*, la *rousseline*, la *merveille d'hiver*, le *bezi de Quessois*, *le saint-françois* et la *poire de livre*; l'*oignonet* et le *sans-peau* ne réussissent sur le cognassier que dans les bons terrains. Il est bon d'observer que, dans les terrains où l'on plante les pêchers sur amandier, il faut mettre les poiriers sur franc, et que, dans ceux où l'on plante les pêchers sur prunier, il faut mettre les poiriers sur cognassier.

Les pommiers se greffent sur le pommier franc, sur le doucin et sur le paradis. Le pommier franc est celui qui est le plus propre à former les *pleins-vents* ou *hautes tiges*. Le doucin fait un sujet plus faible; il se plaît beaucoup dans les terres fortes. Le pommier de paradis ne fait que des basses tiges qui produisent de très-beaux fruits, mais qui ne sont pas de bien longue durée.

DE QUELQUES GREFFES LES PLUS USITÉES (*).

Greffe en approche pour regarnir une place dénudée.

1re SORTE. On fait sur le sujet *a* et la greffe *b*, fig. 18, pl. III, consistant en un rameau appartenant au même arbre, deux tailles longitudinales, n'enlevant que l'écorce, et disposées de façon à coïncider parfaitement l'une avec l'autre. On réunit les deux plaies ; on lie avec de la laine et on lute avec de la cire à greffer (1). Quand la soudure est complète, on sèvre la greffe en coupant le rameau sur lequel on l'a prise, par une incision opérée en deux ou trois reprises espacées de huit jours au moins. Utile pour regarnir les vides qui peuvent exister sur les tiges ou sur les branches des arbres à pepins, en rapprochant un rameau convenable-

____

(1) Voir plus loin sa composition.

ment placé pour atteindre la place dénudée ; elle se fait au printemps.

2e SORTE. La même, avec l'extrémité herbacée d'un bourgeon, fig. 18, pl. III. L'opération est semblable ; seulement on applique sur la plaie du sujet une portion herbacée du bourgeon munie d'un œil au centre de la partie appliquée. Elle se fait d'avril en juin. Bonne pour regarnir l'arête dénudée des branches charpentières du pêcher ; elle réussit aussi sur les arbres à fruit à pepins.

Greffe en fente simple ou *à un scion*, fig. 15, pl. III. On fend le sujet *a* au milieu de son diamètre, et on insère sur l'une des extrémités de la fente le scion *b*, muni de deux yeux. Il est taillé en lame de couteau à sa base *b'*. On a soin de faire coïncider les libers du sujet et de la greffe, pour obtenir un plus grand nombre de points de contact possible. On ligature, et selon les cas on emploie de la cire à greffer ou de l'onguent de Saint-Fiacre, et une poupée pour fermer la fente et luter la coupe supérieure de la greffe. On peut, si on le veut, insérer deux scions de la même manière ; si on fait sur le sujet une seconde fente se croisant avec la première, on peut en placer quatre. Cette greffe, spéciale aux arbres à pepins, se fait exclusivement au printemps. Il faut amputer la tête du sujet ou le sommet de la branche.

On greffe ainsi sur les tiges à toûte hauteur, jusqu'à celle de 2 mètres 66 centimètres'; on emploie aussi ce procédé pour greffer sur une souche de vigne amputée, et on l'enterre après l'opération, mais de manière que le sommet des greffes dépasse le niveau du sol et ait au moins un bon œil à l'air libre.

Greffe en couronne, fig. 14, pl. III. On coupe la tige d'un arbre ou le sommet d'une grosse branche, car on n'emploie cette greffe que sur des sujets de 30 centimètres au moins de circonférence. On détache l'écorce sur leur pourtour avec un coin de bois dur, long et mince, qu'on glisse entre elle et l'aubier. Cela fait, on insère les greffes *a,* taillées en bec de flûte, avec un cran ou arrêt au sommet du bec. On peut placer autant de scions que le permet la circonférence du sujet *b;* on couvre la coupe de chaque greffe avec de la cire à greffer, ainsi que les fissures que laisse l'écorce.

La même greffe peut être faite en incisant l'écorce du sujet à la place qu'occupe chaque greffe ; il faut alors ligaturer et luter comme il est dit ; son exécution est plus facile.

La greffe en couronne est employée pour rajeunir un arbre qu'on a recepé, ou pour rétablir une grosse branche cassée ou couronnée. Elle se fait lorsque le sujet est en pleine séve.

Greffe en écusson à œil poussant, fig. 16, pl. III. Cette greffe, qui se fait au printemps, pousse aussitôt qu'elle est faite. Sur un rameau provenant de la taille précédente on lève une plaque d'écorce qui prend le nom d'écusson à cause de sa forme imitative. Cet écusson, auquel on laisse une mince couche d'aubier, est garni, en son centre, d'un œil *a,* et d'une portion de pétiole que l'on conserve pour donner le moyen de le saisir entre le pouce et l'index. On fait sur le sujet une double incision figurant un T comme en *b*, l'une horizontale et l'autre perpendiculaire à celle-ci. On détache avec la spatule du greffoir les bords des deux incisions sans déchirure, et on insère dessous l'écusson, dont on coupe le sommet au niveau de l'incision horizontale ; on rabat sur lui les bords soulevés de l'écorce, on ligature et on lute. On coupe la partie du sujet supérieure à la greffe, au-dessous de laquelle on laisse un œil d'appel, dont on supprime le produit dès que la reprise de la greffe est assurée.

La greffe en *écusson à œil dormant* ne diffère de celle-ci que parce qu'on la fait de la fin de juillet en septembre, et que l'on ne coupe le sommet du sujet qu'au printemps suivant, lorsque la greffe, qui ne pousse qu'à cette époque, est assurée.

On peut, à ces deux époques, placer un double écusson, un de chaque côté du sujet, ce qui est utile pour faciliter et avancer, dans de certaines circonstances, la formation de la charpente dans les arbres en espalier.

Greffe de jeunes branches à fruit, fig. 12, pl. III. Elle se fait sur le côté de la tige ou des branches, vers le mois de septembre, quand les arbres sont encore en séve ; elle a pour but de mettre à fruit des arbres tardifs, de garnir de lambourdes des branches dénudées, et de faire porter plusieurs variétés analogues sur le même sujet.

On lève, avec un écusson d'écorce comme *a*, de très-jeunes productions fruitières. On fait sur le côté de la branche du sujet une double incision en T comme pour la greffe en écusson, et on y insère celui qui porte la lambourde ou le dard ; on ligature et on lute. Cette greffe s'emploie pour les fruits à pepins.

Greffe en navette, fig. 13, pl. III. Cette greffe, propre à la vigne, peut être employée pour convertir le plant en un autre, pour remplacer un cordon, ou pour placer une branche coursone à une place où elle serait nécessaire et qui en serait dépourvue ; on peut encore, par son moyen, garnir un même pied de plusieurs cépages.

On taille un morceau de sarment muni d'un œil de façon à ce qu'il imite la forme d'une navette; on lui laisse son écorce sur deux côtés, qui sont ceux destinés à rester à l'air. On fend en longueur, soit la tige, soit le cordon d'une vigne; on introduit la greffe dans cette fente, dont on lute les extrémités, et on ne ligature pas, la pression suffisant pour la maintenir.

Greffe en flûte et en anneau, fig. 17, pl. III. On coupe le sommet du sujet, soit tige ou branche, sur lequel on veut greffer. Au-dessous de cette coupe on enlève un anneau d'écorce long de 5 à 8 centimètres. La branche ou le rameau qui fournit la greffe doit avoir un diamètre égal. On enlève dessus un tuyau d'écorce un peu moins long que la place décortiquée du sujet et muni de deux yeux; on l'ajuste de façon que la base coïncide exactement avcc la coupe du sujet. On réduit la petite portion qui surpasse la greffe en écharde qu'on appuie fortement pour empêcher qu'elle soit soulevée par l'affluence de la séve, et on couvre toutes les fissures avec de la cire à greffer. Cette greffe est spéciale aux noyers, aux châtaigniers, aux mûriers et aux figuiers.

***

Cire à greffer. Faire fondre sur un feu doux

Poix de Bourgogne.	500 grammes.
Poix noire.	125
Cire jaune.	60
Résine.	60
Suif de mouton.	15

Mélanger intimement et l'employer tiède à l'aide d'un fourneau portatif.

Autre. Faire fondre ensemble et mélanger

Cire jaune.	500 grammes.
Térébenthine grasse.	500
Poix de Bourgogne.	250
Suif de mouton.	125

Laisser assez refroidir le mélange pour qu'on puisse le toucher; en faire, avec les mains mouillées, des petites boules ou des bâtons. Pour s'en servir, on la rend ductile en la maniant avec les doigts, ce qui permet de l'appliquer à froid.

Onguent de Saint-Fiacre. Mélange, par portions égales, de bouse de vache et de terre glaise. Peut remplacer la cire à greffer. Bon pour couvrir les plaies et déchirures de l'écorce, qu'il soustrait au contact de l'air. Il faut presque toujours le maintenir à l'aide d'un mauvais linge que, dans quelques circonstances, on appelle *poupée*.

Ligature. La meilleure est la laine grossièrement filée et peu tordue, dite *laine à greffer;* des rubans de fil goudronnés ont bons aussi.

***

CONSERVATION DES FRUITS (*).

La durée de la conservation des fruits dépend de deux choses principales : des soins avec lesquels on les récolte, et de la disposition du local où on les dépose et qu'on appelle *fruitier*.

Les fruits d'été, les cerises, les abricots, les prunes, les pêches, les figues et les mûres, même quelques poires et pommes d'espèces précoces, doivent être consommés aussitôt qu'ils sont arrivés à leur maturité; il est même à remarquer qu'ils sont meilleurs quand on les mange le jour même où ils ont été cueillis. Butret a donné (page 60) l'indication des soins que réclame la cueillette des pêches; ces soins s'appliquent également aux autres fruits ci-dessus désignés.

On peut quelquefois conserver assez longtemps après l'arbre le fruit du groseillier, jusqu'en janvier; il suffit, après avoir nettoyé le groseillier de tous les insectes et limaces qui peuvent s'y trouver, de lier légèrement les branches par le haut; on l'enveloppe ensuite d'une couche de paille pour le préserver de la pluie et du mauvais temps.

Quant aux fruits d'automne et d'hiver, les poires, les pommes, les raisins que l'on destine à la conservation, ils doivent être cueillis quelque temps avant leur maturité; c'est toujours avant les premières gelées blanches, lorsque les feuilles commencent à jaunir et à tomber.

Au moment où l'un de ces fruits approche de sa maturité, le pédoncule s'enfle et se détache de l'arbre ; l'arome du fruit se développe, et il se manifeste dans sa couleur une légère modification dont un observateur intelligent se rendra assez facilement compte avec un peu d'habitude ; on constate encore cette maturité par une légère pression sur les flancs et non vers la queue, parce qu'en offensant cette partie du fruit d'où partent les fibres il ne mûrit plus. Si on veut conserver, il faut devancer un peu cet instant de la maturité, mais en faisant attention que tout fruit qui n'a pas atteint son entier développement se crispe et ne se conserve pas. Dans les terrains calcaires, sableux ou légers et en bonne exposition, la récolte se fera quelques jours plus tôt que dans les sols lourds et argileux ; il en est de même pour celle à faire sur les arbres en espaliers, l'action des rayons solaires reflétés sur le mur les dispose à une précocité incontestable. Les années sèches et chaudes commandent également la rentrée des fruits plus tôt que les années pluvieuses et froides.

On choisit, pour la cueillette des pommes et des poires, le milieu d'un beau jour, qui ait été précédé, s'il est possible, de deux ou trois jours semblables ; on prend les fruits un à un, en ayant soin de ménager les bourses, et sans cependant en rompre la queue. On évite de les meurtrir en les posant dans les paniers destinés à leur transport. Il ne faut pas non plus les essuyer, parce que la substance poudreuse qui les enveloppe les préserve de l'atteinte de l'air ; enfin, s'il sont échauffés par les rayons solaires, on attendra qu'ils se soient un peu ressuyés avant de les porter au fruitier.

Le meilleur fruitier est celui dont la température offre le plus de fixité et ne s'élève pas au-dessus de 10° centigrades sans descendre au-dessous de 4. Toute cave suffisamment aérée par des soupiraux garnis de volets, afin qu'on puisse y renouveler l'air avant d'y déposer les fruits et les fermer ensuite, et tout local un peu obscur dont le sol est environ à 1 mètre au-dessous du niveau extérieur, et dont les ouvertures tournées à l'est et à l'ouest peuvent être hermétiquement fermées, sont propres à remplir l'emploi de fruitier, sous la condition indispensable de l'absence d'humidité. Des murs épais et une voûte à la partie supérieure sont une garantie contre les impressions de la température extérieure. Le long et tout autour des murs, excepté devant les fenêtres, doit régner un corps de tablettes garnies d'un rebord et légèrement inclinées, de manière à laisser voir les fruits placés au fond. 50 centimètres sont une largeur assez grande pour qu'on puisse atteindre ces derniers avec facilité. On peut encore placer au milieu du fruitier un autre corps de tablettes à double face, en forme de pupitre un peu incliné, autour duquel on doit librement circuler. Le bois de chêne vieux est préférable pour ces tablettes, et on les garnit de paille de l'année précédente ou de papier collé, de mousse bien sèche, de son, de graines de millet, toutes choses qu'il faut avoir soin de renouveler tous les ans, car les taches qui restent sur les planchers, par suite de la pourriture d'un fruit, sont pernicieuses pour celui qui le remplacerait ; il est nécessaire aussi d'écarter du fruitier tout ce qui pourrait produire de la mauvaise odeur.

C'est sur ces tablettes qu'on range les fruits par espèces, en les espaçant de manière à ce qu'ils ne se touchent point les uns les autres. Les poires se placent sur l'œil ou sur le côté ; les pommes, sur le pédoncule ou la queue.

Les raisins se gardent beaucoup mieux suspendus en l'air que posés à plat sur des tablettes. On suspend au plafond des cordes horizontales, ou des cerceaux de différents diamètres, entrant les uns dans les autres ; on y attache les grappes par leur extrémité opposée à la queue à l'aide d'un fil, ou d'un petit fil de fer plié en forme d'S.

Tous les soins à prendre des fruits se bornent à les visiter souvent, pour ôter ceux qui se gâtent et couper avec des ciseaux les grains de raisins qui se pourrissent ; il faut se garder de les couvrir de papier.

Les nèfles, cormes ou alizes, qu'on a eu soin de ne cueillir qu'après les premières gelées, se déposent dans le fruitier, sur un lit de paille ; on attend qu'elles deviennent molles. Il faut les visiter souvent pour les saisir à leur point de maturité, qui ne dure que quelques jours.

Les fruits à coque et à capsule, et qui sont de nature sèche, exigent bien moins de précautions. Les noix, les amandes, les noisettes et les châtaignes, abattues à coups de gaule, ne demandent, pour se conserver, que d'être à l'abri de l'humidité. Quelques personnes en conservent, jusque dans la saison avancée, dans un état assez grand de fraîcheur, en les enterrant dans du sable bien sec.

ÉTAT D'UN JARDIN FRUITIER

Contenant de superbes arbres en toutes les meilleures espèces et les plus beaux fruits en abondance ; de 312 mètres de longueur et de 132 mètres de largeur ; divisé, suivant sa longueur, en sept jardins par des murs garnis d'espaliers ; ce jardin contient environ 4 hectares.

Chaque jardin est divisé en huit rangs d'arbres fruitiers, formant huit plates-bandes, chacune de 1 mètre 33 centimètres de large, bordées de fraisiers.

Les deux plates-bandes le long des murs sont à 2 mètres et demi de l'espalier, et les arbres, au milieu, en sont à 3 mètres 25 centimètres.

Sur les six plates-bandes entre ces deux, les rangs d'arbres doivent être à 5 mètres et demi ; les allées entre ces plates-bandes ont 4 mètres.

Comme les plates-bandes ont 120 mètres de longueur, il reste 6 mètres à chaque bout pour les allées des espaliers du midi et du nord, et les six murs entre deux ont de même 120 mètres de long.

Ces six plates-bandes sont plantées en pyramides dans chaque jardin.

Les plates-bandes le long des murs, en espaliers et arbres nains.

Les pyramides-cerisiers sont à 8 mètres de distance, ce qui fait seize cerisiers par chaque plate-bande.

Les pyramides pruniers et abricotiers, espacées comme les cerisiers.

Les pyramides poiriers, à 6 mètres de distance, ce qui fait vingt par plate-bande; les plates-bandes-murs plantées en contre-espaliers, qui sont également à 6 mètres; on met deux paradis entre chaque pyramide et un groseillier au milieu.

Les sept allées de chaque jardin ayant 4 mètres de largeur, on plante un rang de chasselas au milieu, à 2 mètres de distance, et palissés sur des treillages; ce qui fait soixante chasselas par chaque rang et quatre cent vingt par chaque jardin.

QUANTITÉS ET SORTES DE PLANTS NÉCESSAIRES.

Cerisiers.

Pyramides. Trois jardins à six rangs, chaque rang de seize cerisiers. 288

Boules. Six rangs de précoces de mai sur les plates-bandes le long des murs, à seize chacun. 96

Espaliers. Espalier-mur nord de 312 mètres de long, les plants à 6 mètres de distance.   52

         TOTAL des cerisiers.   436

Poiriers.

Pyramides. Deux jardins poiriers à 6 mètres : douze rangs, à vingt chacun.   240

Contre-espaliers. Quatre rangs sur les plates-bandes le long des murs, à vingt chacun. .   80

         TOTAL des poiriers.   320

Sur ces quatre plates-bandes en espaliers, on ne met qu'un rosier entre deux.

Abricotiers.

Pyramides. Un jardin contenant huit rangs, à seize abricotiers chacun, à raison de 8 mètres de distance les uns des autres. .   128

Espaliers. Mur du couchant, espalier à 8 m.   15

         TOTAL des abricotiers. . . .   143

Pruniers et néfliers.

Pyramides. Un jardin formé de huit rangs, à seize plants chacun.   128

Espaliers. Mur du couchant, les espaliers à 8 mètres.   15

         TOTAL des pruniers et néfliers. .   143

Pêchers.

Espaliers. Au midi, 300 mètres sans la porte, les pêchers à 10 mètres chacun. . . .   30

Sept au levant et cinq au couchant, à 8 mèt. de distance, font pour douze murs à quatorze pêchers chacun. 168

Total des pêchers. 198

Pommiers.

Paradis. Cinq jardins, à deux cent quarante pommiers chacun. 1,200

Dans les deux jardins à poiriers, on ne mettra des paradis que sur les six plates-bandes entre les pyramides, ce qui fera trente-huit par chaque plate-bande, et deux cent vingt-huit pour chaque jardin, pour deux jardins. 456

Total des paradis. 1,656

RÉCAPITULATION.

Cerisiers, 436.—Poiriers, 320.—Abricotiers 143.—Pruniers et néfliers, 143.—Pêchers, 198. —Paradis, 1,656.

Total. 2,896

Groseilliers et framboisiers entre les paradis des cinq jardins cités plus haut.

Groseilliers. 400

Framboisiers. 200

Chasselas des sept jardins, quatre cent vingt
plants par jardin. 2,940

TOTAL GÉNÉRAL. 6,436

CHOIX DES FRUITS A EMPLOYER.

Cerisiers.

2 rangs de Hollande ou Mayduk.

1 — Angleterre.

2 — Griotte de Portugal.

1 — Gros gobet ou Montmorency à courte queue.

1 — Montmorency ordinaire.

1 — Grosse cerise rouge pâle.

1 — Cerise ambrée.

1 — Griotte d'Espagne.

1 — Guindoux.

2 — Royale ou Cheriduk.

1 — Nouvelle-Angleterre.

1 — Griotte d'Allemagne.

1 — Guigne noire.

1 — Guigne rouge.

1 — Bigarreau.

L'espalier du nord sera planté en belles cerises de la Toussaint, dont il est parlé page 84 de ma *Taille raisonnée*.

Poiriers d'été.

Amiré-Joannet. . . .	4	Aurate.	4
Petit Muscat.	4	Madeleine.	6
Muscat Robert. . . .	4	Salviati.	4
Gros et petit blan-		Poire d'œuf.	4
quets.	6	Robine	4
Cuisse-Madame. . .	4	Rousselet de Reims.	10
Bellissime d'été. . .	4	Bon-chrétien d'été. .	6
Épargne.	6	Angleterre.	6
Sans-peau.	4	EN TOUT, 80	

Poires d'automne.

Messire-Jean.	4	Crassane.	15
Beurré.	20	Marquise.	8
Doyenné ordinaire et		Merveille d'hiver ou	
gris.	10	petit coing.	4
Bergamote d'autom-		Besi de la Motte et	
ne.	6	Besi de Montigny.	8

TOTAL, 75.

Poires d'hiver.

Saint-Germain. . . .	40	Martin-sec.	10
Chaumontel. . . .	10	Bellissime d'hiver. .	10

Bon-chrétien d'hiver.	15	Bergamote de Pâ-ques.	10
Echassery.	5	—de Hollande, poire à cuire.	10
Louise-bonne.	5	Franc-réal.	10
Royale d'hiver.	10	Catillac.	10
Colmar.	10		
Virgouleuse.	10		

TOTAL des poires d'hiver. . . 165

TOTAL des poiriers de toute saison. 320

Abricotiers.

Abricot hâtif musqué ou précoce. 13

Gros abricot ordinaire. 30

Abricot d'Angoumois. 20

— de Provence. 10

Abricot-pêche le plus beau et le plus excellent de tous. 40

L'alberge de Montgamet. 20

Brugnons. 10

TOTAL des abricotiers. . . 143

Pruniers et néfliers.

Jaune hâtive, ou prune de Catalogne. . . . 6

Gros damas de Tours. 6

Prune de Monsieur. 10

Royale de Tours. 10

Diaprée violette. 6

La Royale. 6

Le Drap-d'or. 6

Grosse Reine-Claude, ou abricot vert. . . 20

Mirabelle blanche et rouge. 20

L'Ile-Verte. 12

La Roche-Corbon. 10

La prune suisse. 6

La diaprée rouge. 6

Dame-Aubert, ou grosse luisante. 4

Sainte-Catherine. 8

Néfliers. 7

TOTAL des pruniers et néfliers. 143

Pêchers en espaliers.

Avant-Pêche. 6

Pourprée hâtive. 10

Madeleine blanche. 10

Petite mignonne. 10

Grosse mignonne. 40

Galande. 40

Madeleine rouge ou de Courson. 10

Madeleine à petites fleurs, qui ressemble à la
galande. 10

Grosse et petite violette hâtive. 20

Admirable. 10

Chevreuse tardive. 10

Royale, teton-de-Vénus, bourdine sont la
même chose. 24

TOTAL des pêchers. . . 200

Pommiers sur paradis.

Passe-pomme rouge, la plus hâtive, et char-
geant beaucoup. 30
Reinette franche. 500
Reinette du Canada. 100
Reinette grise. 66
Calville blanc d'hiver. 300
Calville rouge d'hiver. 100
Fenouillet gris ou pomme d'anis. 30
Fenouillet rouge, ou badin. 30
Pomme-d'or, ou reinette d'Angleterre, nom-
mée par les Anglais *gold pippin*. 60
Drap-d'or. 100
Court-pendu gris. 30
Pomme de pigeonnet. 30
Apis gros et petit. 100
Rambour franc d'été. 30
Rambour franc d'hiver. 30
Postophe d'hiver. 30
Gros Faros. 30
Francatu. 30
Calville rouge d'été. 30
Total des paradis. . . 1,656

Nota. Les personnes qui, ayant des jardins moins étendus,
désirent cependant posséder une collection choisie des fruits

les plus recherchés peuvent réduire le nombre des individus de chaque espèce, en conservant les distances prescrites pour chacune d'elles.

EXPLICATION DES FIGURES.

Pl. I, fig. 1. Pêcher, tel qu'il est au printemps qui suit la plantation. On le taille en *a* sur deux yeux *b*, *b* destinés à la formation des deux branches mères.

Fig. 2. Pêcher offrant les résultats de la taille précédente. On taille les deux branches mères sur les yeux en dessus *a*, *a*, pour obtenir leur prolongement, et on obtient de chaque côté la branche inférieure G au moyen des deux yeux en dessous *b*, *b*.

Fig. 3. Pêcher qui va recevoir la quatrième taille. Le n° 2 indique le résultat de la taille précédente qui a produit le membre inférieur G ; le n° 3, celui de la taille de la troisième année qui a donné le membre supérieur D. On voit, au n° 4, le point où la branche mère va être taillée sur un œil *a* en dessus pour son prolongement, et sur un œil *b* en dessous qui fournira le membre inférieur H.

Fig. 4. Pêcher qui va recevoir la sixième taille.

Le n° 4 indique le résultat de la quatrième taille qui a produit le membre inférieur H ; le n° 5, celui de la cinquième taille qui a fourni le membre supérieur E. On voit, au n° 6, le point où doit être pratiquée la sixième taille, toujours dans le même principe.

Les figures 3 et 4 n'ont qu'une aile représentée, l'autre devant être entièrement pareille.

Pl. II. Pêcher formé qui a reçu la septième taille qui le complète, tel qu'il est au printemps où on va lui appliquer la huitième taille. L'aile C porte en chiffres l'indication des tailles dans l'ordre où elles ont été données pour qu'on puisse en suivre la concordance. Elles sont les mêmes sur l'aile B, quoique non indiquées.

Pl. III, fig. 1. Branche à fruit du pêcher : *a*, bouton à bois ; *b*, bouton à fleur.

Fig. 2. Branche à fruit à yeux doubles, l'un à bois, l'autre à fleur.

Fig. 3. Branche à fruit à yeux triples ; *a*, tous à bois ; *b*, deux à fleur, et un à bois au milieu.

Fig. 4. Branche à fruit dite chiffonne. Tous les boutons sont à fleur, excepté le terminal et le plus inférieur. Bonne lorsqu'elle est ainsi, mauvaise lorsqu'elle n'a pas à sa base un œil à bois.

Fig. 5. Branche à fruit dite bouquet de mai : tous yeux à fleur, excepté **un à bois** au milieu du bouquet.

Fig. 6. Brindille du poirier. **On la** met à fruit en cassant son sommet.

Fig. 7. Dard couronné, c'est-à-dire terminé par un bouton à fleur.

Fig. 8. Dard.

Fig. 9. Branche à fruit du poirier : *a a a*, bourses, productions spongieuses qui se développent au sommet des lambourdes qui ont fleuri, et qui produisent, à leur tour, d'autres lambourdes *b, b, b, b, b* et des dards *c, c, c.*

Fig. 10. Branche à fruit du pommier : bourses et lambourdes.

Fig. 11. Branche à fruit du pommier : *a*, brindille qu'on peut mettre à fruit comme celle du poirier ; *b, b, b*, dards.

Fig. 12. Greffe de fruits en écusson : *a*, écusson muni d'un bouton à fleur ; *b*, sujet avec son incision en T.

Fig. 13. Greffe de la vigne en navette : *a*, greffe ; *b*, sujet incisé au milieu.

Fig. 14. Greffe en couronne.

Fig. 15. Greffe en fente, avec scion taillé en biseau.

Fig. 16. Greffe en écusson.

Fig. 17. Greffe en flûte ou en anneau.

Fig. 18. Greffe en approche de bourgeon sur
pêcher pour remplir les vides.

Fig. 19. Opération du remplacement. On coupe
en *a* la branche A qui a fructifié, rez le rameau de remplacement B, et celui-ci en *b* au-
dessus d'un œil à bois suivi de deux boutons à
fleur *c c* et de deux yeux à bois *d d*, dont l'un
des deux fournira, à la taille suivante, un nouveau rameau de remplacement.

Pl. IV, fig. 1. Poirier formé en pyramide. *V.* p. 92.

Fig. 2. Poirier en fuseau. *Voyez* page 97.

Fig. 3. Formation des deux bras d'un cordon
dans la vigne. *Voyez* page 106.

Fig. 4. Deuxième taille du cordon. A la première
on a taillé en *a* et *a'* les deux bras, sur chacun desquels on a conservé deux sarments destinés à former des coursons, après avoir sup-
primé les yeux qui se trouvaient entre eux et
sous chaque bras ; à celle-ci on porte la taille
en *b* et *b'* sur un œil en dessous destiné à pro-
longer chaque bras. On conserve en dessus les
yeux un à quatre pour former quatre nouveaux
coursons, et on abat tous les autres qui se trouvent entre eux ou dessous le bras. On taille
enfin en *c* chacun des quatre sarments sur

deux yeux qui fourniront deux bourgeons
fructifères ; on les pincera , s'il en est besoin ,
et à la taille suivante on rabattra le plus élevé
sur le plus inférieur , qu'on taillera également
à deux yeux. Toutes les tailles suivantes sont
semblables.

Fig. 5. Vigne à la Thomery. *Voyez* page 111.

Table alphabétique des matières.

PARIS. — IMPRIMERIE DE Mme Ve BOUCHARD-HUZARD, RUE DE L'ÉPERON, 5.

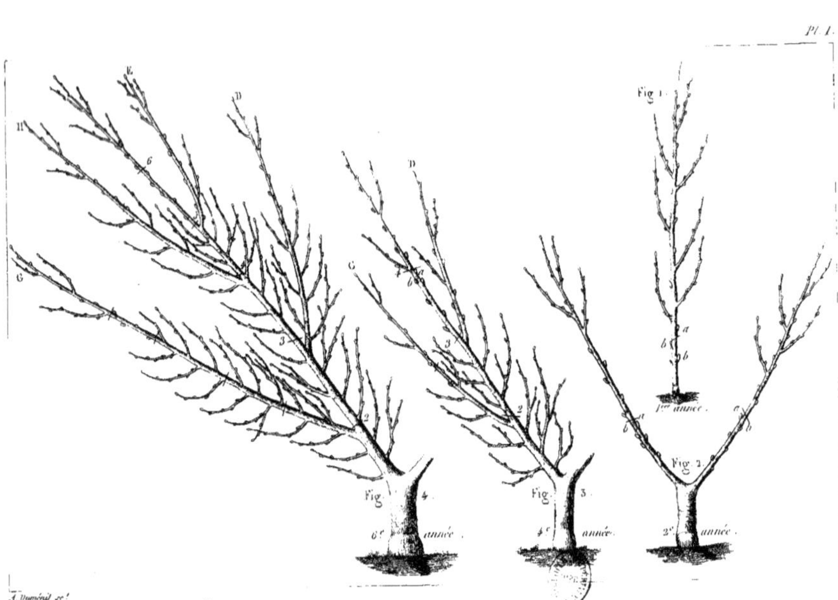
Pl. I.
Fig 1.
1er année.
Fig 2.
2e année.
Fig 3.
4e année.
Fig 4.
6e année.
A. Dumenil sc.t
Paris Imp. Pierrat, r. Dauphine, 41.

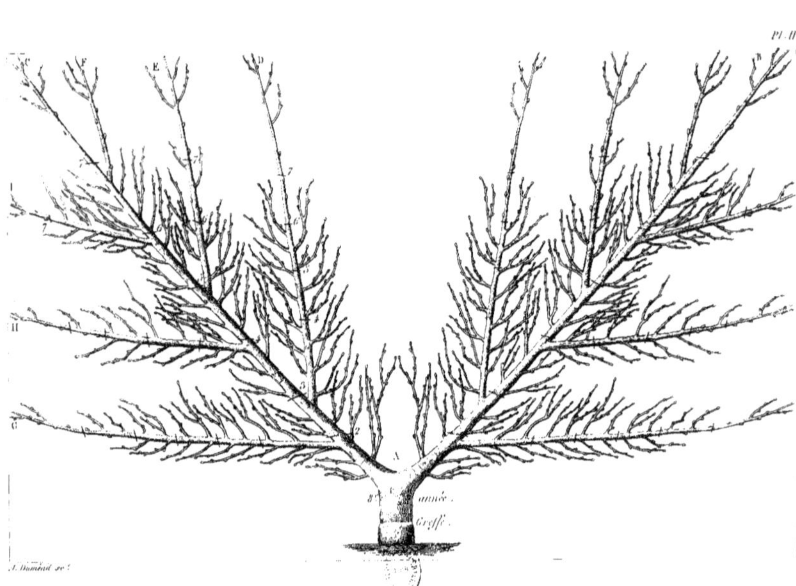

Pl. II.
C
F
E
D
H
G
année.
Greffe.
A. Dumont sc.

Pl. III.

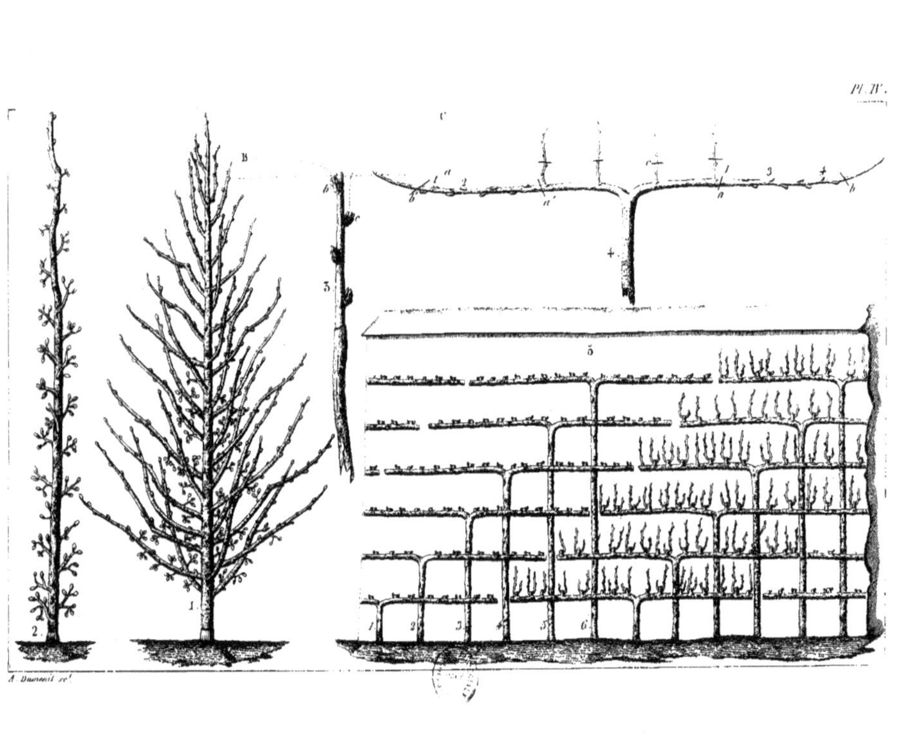